NINGXIA LIMAI ZHONGZHI YANJIU

宁夏藜麦种植研究

温淑红 ______ 著

黄河出版传媒集团
阳光出版社

图书在版编目（CIP）数据

宁夏藜麦种植研究 / 温淑红著. -- 银川 : 阳光出版社, 2022.12
ISBN 978-7-5525-6689-5

Ⅰ. ①宁… Ⅱ. ①温… Ⅲ. ①麦类作物 - 栽培技术 - 研究 - 宁夏 Ⅳ. ①S512.9

中国国家版本馆CIP数据核字(2023)第000311号

宁夏藜麦种植研究　　温淑红　著

责任编辑　谢　瑞　薛　雪
封面设计　晨　皓
责任印制　岳建宁

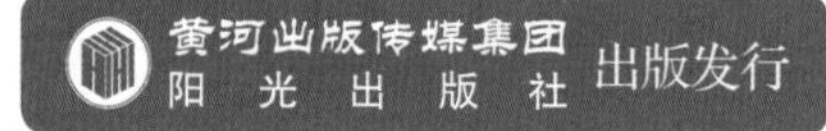

出 版 人　薛文斌
地　　址　宁夏银川市北京东路139号出版大厦（750001）
网　　址　http://www.ygchbs.com
网上书店　http://shop129132959.taobao.com
电子信箱　yangguangchubanshe@163.com
邮购电话　0951-5047283
经　　销　全国新华书店
印刷装订　宁夏凤鸣彩印广告有限公司
印刷委托书号　（宁）0025670

开　本　710 mm × 1000 mm　1/16
印　张　13.75
字　数　200千字
版　次　2023年1月第1版
印　次　2023年1月第1次印刷
书　号　ISBN 978-7-5525-6689-5
定　价　56.00元

自 序

本书主要研究成果来源于2018年以来执行的宁夏回族自治区引智示范推广项目，历经四年的踏查采样、实地调研、项目实施、技术培训等研究和近一年的撰写统稿，终于顺利完成。在项目具体实施过程中，特别感谢宁夏中卫市海原县农技推广总站、固原市原州区张易镇宋洼村土地股份专业合作社、海原县家庭农场、吴忠市国家农业科技园区管理委员会等多家单位，几年来提供的大田试验地开展藜麦试验的便利，并长期大力协助本研究数据采集、设施管理等工作。项目实施过程中也得到了固原头营、张易宋洼、隆德观庄、海原段塬、红寺堡兴盛、盐池惠安堡等乡镇村委会的大力支持和配合。宁夏回族自治区科技厅、宁夏农林科学院及宁夏农林科学院老科协等单位在课题立项、经费资助、项目验收、专业技术咨询指导、研究人员协助等方面提供的全程服务保障和有力支撑，在此表示衷心的感谢！

项目在实施过程中，得到了宁夏农林科学院研究员马维亮、副研究员赵天成、宁夏海原县农机推广中心李成虎高级农艺师等农业科技人员的大力支持与鼓励，以及对项目整体实施落实做出的重要贡献。感谢固原分院程炳文研究员、王勇助理研究员对在固原示范基点藜麦种植技术指导、藜麦配套栽培技术研发指导、示范基点品种筛选及试验示范的大力支持。同时得到了原国家外专局对外合作交流司司长吴学范对宁夏藜麦项目的大力关注，并无偿提供与南美洲藜麦产业发展交流与合作及引进工作，提供南美洲各国藜麦品种。衷心感谢山西稼祺藜麦公司负责人武祥云为宁夏藜麦提供稼棋公司育成藜麦新品种，对宁夏与山西藜麦发展交流合作提供的帮助。衷心感谢原国家外专局对外友好交流协会会长田涛为宁夏与国内外联系交流合作（兼翻译）提供的大力协助，为宁夏藜麦产品深加工及物流电商销售工作作出了重要贡献。同时感谢甘肃省藜麦首席专家杨发荣研究员对宁夏与甘肃藜麦交流合作提供的藜麦品种及技术指导；感谢青海农科院藜麦首席专家姚友华研究员对宁夏与青海藜麦种植试验示范提供的交流及藜麦品种。全书由宁夏农林科学院林业与草地生态研究所助理研究员温淑红统稿。本书主要成果均是多年来项目组共同努力的结果，是众多研究人员长期以来科研成果的汇聚。在此，对长期以来参与示范研究、测试化验、数据分析、材料撰写、文献检索、科研管理和专著撰写出版的可恭可敬的领导们、同事们致以真诚的感谢！同时，向大量参考文献的原创者致以诚挚的敬意！感谢每位劳动者的无私奉献！

温淑红

2022年9月

前言

本书是由宁夏农林科学院林业与草地生态研究所、宁夏农林科学院老科协、海原县农技推广中心、宁夏农林科学院固原分院联合实施的宁夏科技厅引智示范推广项目“玻利维亚藜麦新品种引进及技术推广”总结形成的相关专著。项目对国内外多个藜麦品种（或品系）在宁夏不同生态类型地区进行了引种和试验示范，对促进宁夏藜麦产业发展具有指导意义。项目开展了藜麦品种引进、筛选、种植技术、功能产品、营养品质等方面的研究，引进新品种（系）48个，筛选出4个，研究了覆膜穴播、起垄点播、育苗移栽、露地条播等播种保苗方式。在宁夏南部山区建立了原州区头营、张易镇宋洼等试验示范基地5个，推广陇藜4号、藜麦64两个品种（系），累计示范推广1万亩。注册藜麦品牌1个，开发了藜麦芽菜、叶茶等系列食品，初步建立了种加销产业链。项目在宁夏藜麦新品种引选、温棚种植扩繁等方面有创新。项目发表论文7篇，出版专著1部，编写科普手册3套，培训1000余人。

本书所有田间试验、温棚试验及检测结果，均是检测样品的真实体现。部分检测结果在第一时间反馈到了推广中心和各生产一线，希望对宁夏藜麦种植产业决策提供技术依据。同时，通过大量技术培训宣传、论文发表、专著出版等形式，及时将总结挖掘的部分结论、结果，以及关键技术参数也第一时间反馈到一线生产中，以期为生产单位及相关部门制定科学合理的管理措施提供决策依据。

由于研究示范推广内容涉及面广，研究人员时间紧张、研究周期相对较短、研究经费有限，部分研究示范推广内容未能及时深入进行，部分技术还未及时转化为现实生产力，特别是在藜麦适宜区划、遗传育种、有效防控措施制定与应对等方面尚有明显欠缺，将在下一步工作中及时补充完善。

本书在编写过程中，参阅了大量的国内外相关文献和资料，在此谨对相关作者和编者表示诚挚的感谢。

对于本书中不足和疏漏之处，敬请同行专家和读者指正。

著 者

2022年8月

目　录

第一章　藜麦的起源

第一节　藜麦的起源与发展

一、藜麦的起源

（一）早期分类

藜麦（Chenopodium quina Willd.）起源于南美洲提提喀喀湖区，是苋科（Amaranthaceae），藜属，一年生作物。但是，林春、刘正杰，董玉梅等在研究藜麦驯化栽培与遗传育种时提到，在早期分类学上将藜麦归属藜科（Chenopodiaceae），基于藜科和苋科的植物形态解剖学、生物化学与分子生物学等均具相似特征的研究，后来将藜科归属苋科的藜亚科。结合果实等形态与分子系统发生学研究，确定藜亚科包含 *Chenopodieae*、*Dysp-hanieae*、*Axyrigeae*、*Spinacieae* 和 *Atripliceae* 等族。藜麦归属藜属（*Chenopodium*）藜组（*section Chenopodium*）下的 *Cellulata* 亚组。而藜组含 *Cellulata*、*Lejosperma*、*Undata* 和 *Grossefoveata* 共4个亚组（subsection），*Cellulata* 亚组包括藜麦、美洲种群（如 *C.hircinum*、*C.berlandieri Moq.*、*C.desicatum*、*C.neomexicanum*、*C.pallescens* 和 *C.watsonii*）及欧亚种群（如 *C.suecicum* 和 *C.ficifolium*）。而与 *Cellulata* 更近缘的 *Lejosperma* 亚组主要包括美洲二倍体藜属种群（如 *C.pallidicaule Aellen*、*C.atrovirens* 和 *C.petiolare*）及欧亚不同倍性的种群（如 *C.album* L.、*C.opulifolium* 和 *C.iljinii*）。

（二）栽培种群

藜属中栽培种群主要包含起源于南美的藜麦、中美洲的伯兰德氏藜（C.berlandieri var. nuttalliae，2n=36）、旧大陆的六倍体杖藜（C.giganteum，2n=54）及安第斯山高原的二倍体苍白茎藜（C.pallidicaule Aellen）。通过基因组测序及分子标记已确定四倍体的藜麦和原产于北美的 C.berlandieri var. nutta-lliae 亲缘关系近，归属于单一进化支（clade），包含了 A 和 B 亚基因组，预示藜麦起源于异源二倍体间的融合。南美野生近缘种包括 C.quinoa ssp.Melanospermum Hunz 和 C.hircinum Schard 等，主要分布于安第斯山；二倍体包括 C. petiolare Kunth 和 C.insisum 等，分布于安第斯山峡谷；而来源于旧大陆的 C. album 则适应性强、分布较广，已扩散至不同海拔区域。藜麦直接来源的二倍体祖先种现在已无从知晓，但通过比较基因组的研究及相关分子生物学证据推测约5万年—3万年前，藜麦起源于苍白茎藜和 C. dessicutum 等 A 基因组祖先二倍体与 C.suecicum 和 C.ficifolium 或其近缘 B 基因组祖先二倍体间的融合。

二、藜麦的驯化

藜麦的驯化与人类的迁徙及文明发展密切相关。古人类学家结合人类基因组学研究表明，人类走出非洲，2.5万年—2万年前进入北美洲，而后约1.5万年前最终到达南美洲。与亚洲汉藏人群起源于北部冷凉地区（可能冷凉环境有利于人类对侵染性疾病的控制）相似，最先到达南美洲，低纬低海拔人群可能因高温高湿环境无法控制疾病，逐渐向高海拔迁徙，最终选择了具有丰富水源的提提喀喀湖区为栖息地。为了生存和繁衍，利用野生藜麦作为食物，开始对野生藜麦进行驯化。公元前5000—公元前3000年随着印加文明的昌盛与扩展，藜麦也随人类扩散而被传播，逐渐形成从哥伦比亚（N20°）到智利（S 42°），或到达更近的波多黎各（S 47°），从海拔4 500 m 到海平面的各种生态环境中均有分布与种植的区域。Wilson、Gandarillas 和 Christensen 等均认为秘鲁和玻利维亚安第斯山的提提喀喀湖区是藜麦遗传多样性的起源中心，与上述推论一致。据此推定，厄瓜多尔的藜麦可能是从玻利维亚和秘鲁高原传入的，而阿根廷的藜麦可能是从玻利维亚或南智利高原和海岸传入的。目前，南美是藜麦种植面积最大、栽培及野生近缘种种质资源最丰富的地区。人类的驯化与选择也导致了藜麦种质遗传多样性的降低，这与 Zhang T，Gu M，Liu Y等认为从安第斯山高原到智利海岸藜麦的多样性呈现下降的趋势一致。因而，收集、评价并充分利用起源地，特别是安第斯山不同生态类型品种及近缘种质进行育种利用是实现藜麦品种改良的核心。藜麦及其近缘种质资源的收集与评价可以追溯到20世纪60年代，玻利维亚巴塔卡玛亚（Patacamaya）实验站的收集，但直到1998年才投入使用。为保护藜麦的遗传多样性并用于育种，玻利维亚政府在20世纪后期通过资助构建了世界最大的藜麦种质资源库。Maliro MF，Guwela rF 等研究，目前收集了3000多个种质，包括高原型（Altiplano）、峡谷型（Valley）、盐滩型（安第斯山南部高地）、多雨湿润型（Yungas）及海岸型5种生态类型，为藜麦的生物学基础研究和育种奠定了良好的种质基础。

三、藜麦的分布

Rojas W，Ren Gx，Admon Aj 等研究认为，南美洲原产地安第斯山的藜麦主要包括分布于哥伦比亚、厄瓜多尔和秘鲁等地的峡谷型，分布于秘鲁北部和玻利维亚的高山型，分布于玻利维亚的多雨湿润型，分布于玻利维亚安第斯山南部高地、智利和阿根廷的盐滩型，以及分布于智利中部和南部的海岸型共5种生态类型。Peterson A，Murphy K 等研究认为，不同生态区采用不同的栽培模式进行藜麦的生产，其中安第斯山中北部地区主要以轮作形式进行生产，藜麦前茬多为马铃薯，后茬多为大麦、燕麦及豆类等饲用作物。BAzile D，Jacob SE 等研究认为，玻利维亚和秘鲁是全球藜麦的主要生产和出口国，2013年藜麦种植面积分别为75 000 hm^2和45 000 hm^2。Jacob SE，Stolen O 等研究认为，随着全球藜麦的主粮化发展，原产地藜麦已无法满足世界的需求，从1999年藜麦规模化种植扩展到北美，2015年发展到欧洲，种植面积达 5 000 hm^2，其中英国、法国、西班牙和波兰等国为主要生产国。Bhargava A，Shuklas 等研究认为，2015年后，藜麦的规模化种植扩展到包括埃塞俄比亚在内的非洲各国及中国、印度和日本等亚洲国家。Bazile D，Jacobsen SE 等研究认为，目前世界上超过95个国家和地区种植藜麦。任贵兴，杨修仕等研究认为，全球藜麦的总产量可达20万 t，消费规模逐年增加，主要消费国有美国、加拿大、韩国、日本和中国等。由此可看出，目前世界不同生态区采用不同栽培模式进行藜麦生产范围逐渐扩大，全球藜麦总产量逐年增加，藜麦分布越来越广泛。

四、藜麦的生物学特性和栽培管理技术

（一）生物学特性

1. 植物学特性

藜麦属于四倍体植株，染色体数目2n=4×9=36，植株呈扫帚状，株高60～300cm，茎秆长度50～250cm，茎直立，茎色多，有分枝，植株生长特征受种植品种、种植环境及栽培密度影响而呈现出差异；叶互生，呈卵状三角形或卵状长椭圆形，有柄，叶全缘波状锯齿，幼叶绿色、植株成熟时渐变成黄色、紫红色或红色等。藜麦花序多样，分枝较多，长度15～70cm，主侧枝都结籽，颜色因基因型不同而不同，多为黄色、红色、橘色等，花分为雌花和完全花，没有花瓣，自然异交率为10%～17%，自花授粉。果实为瘦果，从内到外分为花被、果皮及种皮，颜色多为白色、黄色、黑色或红色。种子呈圆形药片状，直径1.5～2.0mm，千粒重1.4～3.5g，有白色、乳黄色、红色和黑色等，表皮富含皂苷，味苦，食用前应浸泡或揉搓去掉表皮，种子遇湿润环境24h 内即可萌发，贮藏时需放置干燥阴凉处。

2. 生态学特性

藜麦具有很强的抗逆性和适应性，能够抵御寒冷、干旱、低温、盐碱及贫瘠等一系列非生物胁迫环境。藜麦之所以有这样强大的抗逆特性，形态学上主要依靠深密而庞大的根系排布和叶片大小的适应性。学者们在生理学和形态学上已展开针对应对各种非生物胁迫的响应机制的研究。高琪、蔡志全研究认为，藜麦抗寒在生理学上主要依靠积累的可溶性糖和脱水蛋白来实现。藜麦通过延长生育周期应答早期营养生长的干旱，以早熟的方式应答后期的干旱胁迫。

干旱胁迫下，藜麦子叶细胞中会通过合成或积累脯氨酸、甜菜碱、可溶性糖和ABA等一些有机物质的调控来增强抗旱性。藜麦植株具有独特的耐盐机制，主要包括 K^+、Na^+ 无机离子的渗透调节及脯氨酸、可溶性糖、甜菜碱、多胺和脱水蛋白等物质的渗透调节，从而保持细胞的正常代谢。研究表明，藜麦耐盐最重要的原因是具有高度的保钾能力。

（二）藜麦的栽培管理技术

藜麦属藜科，双子叶植物，植株呈扫帚状，株高从几十厘米到3m不等，根系属浅根系，穗状花序，主梢和侧枝都结籽，自花授粉。种子为圆形，呈药片状，直径1.5～2mm，籽粒比小米稍大，容重比小米略轻，一般千粒重 3～4g，大籽粒品种达 4.5g，表皮有一层水溶性皂角苷。种子颜色主要有白、红、黑三色系。按皂苷的含量，可以分为甜藜麦和苦藜麦。藜麦种植不难，但是藜麦田间管理却非常不易。要使藜麦高产，就必须做好藜麦田间水分管理、施肥管理、倒伏管理及病虫害管理。

1. 水分管理

藜麦是一种抗寒、抗旱，耐盐碱、耐贫瘠作物，其幼苗期土壤含水量与幼苗生长成活率有直接关系，如果含水不足，将导致幼苗无法全苗，所以在播种时选择雨后或将土壤浇透为宜。土壤有适量的水分，幼苗成长之后，对水分的需求逐渐减小，甚至水分过多会导致藜麦死亡，在灌浆期也要浇少量的水。

2. 施肥管理

藜麦生长力很强，但也需要补充适量的营养。施底肥时，有条件的可以一次性施足；没有条件的，根据藜麦的生长进度应及时追肥。追肥时注意营养成分，合理配比才能使藜麦更加健壮生长。定时观察藜麦植株，发现有缺肥症状时，要及时追施氮肥，但不可过量。控制不好用肥量将会导致藜麦出现徒长，影响产量，降低种植效益。

3. 防止倒伏

藜麦植株较高，但根部能力较弱，根系分布浅，且茎秆非常脆弱，在多风季节极易出现倒伏现象。倒伏不仅会导致藜麦减产，还会使藜麦品质下降。因此，防止藜麦出现倒伏非常重要。在选地的时候可以选择风力较小的地块，控制好底肥的施用，底肥中适量添加钾肥，可以提高藜麦的生长，促进茎秆粗壮，增强藜麦茎秆的抗倒伏能力。

4. 病虫害防治

藜麦的病虫害防治以预防为主。预防措施之一就是防止连作，选地不可选择病虫害严重地块，不可缺光密封。在种植前将土壤翻耕消毒，利用冬季温度低的特点，消灭部分病菌。在播种的时候选择良好的天气，不可在阴雨天气下播种。一旦发现藜麦有发病症状，要及时将病株拔除，检查具体病害，使用对症药剂治疗，防止蔓延。

第二节　我国藜麦的发展历程

一、引种概况

贡布扎西、旺姆等研究认为，我国于1987年首次由西藏农牧学院和西藏农牧科学院引种藜麦试验成功，并连续多年在西藏各地进行小面积试验示范栽培。2006年，宁夏引种藜麦试验并获成功。2008年，藜麦开始在山西静乐县引种试验，并开始在全国各地引种试种和规模化种植。

二、规模化种植

2008年，山西静乐县引种试验成功后开始规模化种植。近年来，在陕西、甘肃、青海、新疆、宁夏、内蒙古、吉林、黑龙江、辽宁、河北、河南、山东、安徽、江苏、四川、贵州及云南等省区已形成产业化。据魏玉明、黄杰、顾娴等统计，2014年全国种植面积仅5万亩（1亩≈0.0667公顷），而2018年种植面积已发展到15万亩，2019年种植面积进一步扩大，全国的藜麦种植面积估计超过30万亩，总产量可能达到2万～3万 t。我国藜麦的种植规模和需求仍有进一步发展扩大的趋势，预计2025年藜麦需求量将达到10万 t。目前甘肃省藜麦种植面积为10万亩，是我国藜麦种植面积最大的省份，其他种植面积较大的省（区）包括内蒙古（6万亩）、山西（5万亩）、青海（3万亩）、河北（3万亩）和云南（4万亩）等。

任贵兴、吕树鸣等研究认为，经过多年发展，我国逐步形成5个具有代表性的藜麦种植区，包括与南美原产地相似的西藏、青海及云南迪庆州等高海拔生态区，新疆、甘肃和山西等干旱少雨区，山东半岛、辽东盐碱区，东北及内蒙古冷凉区，西南立体气候区。

三、研究方向

我国生产的藜麦主要品种中，根据籽粒的颜色主要分为红色、黑色、白色及黄色4大类型。总体而言，这些品种混杂、品质优劣不均，严重制约了我国藜麦产业的持续发展。因而，引进优质种质资源，筛选与培育上述5个生态区域的藜麦品种是藜麦引种与育种研究的主要方向。

第三节　宁夏藜麦的发展变化

一、地域发展变化

藜麦在宁夏的种植时间较短，历程较长，进展较慢。时间上主要分为两个阶段：一个是2005—2015年，另一个是2016年至今。前一时期主要在海原、固原、红寺堡等南部山区不同立地类型区域开展引种种植试验。后一时期主要在以上南部山区持续开展引种筛选和示范推广，筛选适宜优质品种进行较大规模的推广辐射，配套技术、种质资源及技术培训持续加大，藜麦种植取得初步经验和成效。引进平原品种在石嘴山盐改站等平原地区、吴忠利通区孙家滩国家科技示范园等川区开始试种，通过政府引导以及财政、金融、保险等方面的支持，以市场为导向，以经济效益为中心，以改善藜麦品质为基础，依托新型农业经营主体带动，因地制宜，积极发展特色优势产业；同时，通过发展休闲农业和乡村旅游业，拓展农业多种功能。

其中，固原市原州区张易镇宋洼村示范基地发展较为突出。该村示范基地土地股份专业合作社成立于2016年5月，是由宋洼村村民、致富带头人郭利平等5位农民、荣甲牛羊养殖农民专业合作社和宋洼村村委会以现金出股或土地入股的形式，建立了“土地变股权、农民当股东、收益有分红”的新型经营机制，采取“租金保底、盈余分红”的收益分配办法的新型农民专业合作社。目前，以土地入股农户129户，其中建档立卡户55户，入股土地面积1603.8亩；合作社现金入股242万元，其中5户农户和1个养殖合作社入股42万元，宋洼村村集体组织入股200万元。合作社成立后，宋洼村产业结构由之前冬小麦、玉米、油麦等单一的产业结构转为以藜麦为主，薯类作物和其他小杂粮全面发展的产业结构。利用宋洼村高冷寒凉气候和地域优势打造健康、绿色小杂粮产品，把藜麦产业作为支柱产业发展“一村一品”，实现了经济效益、社会效益、生态效益三“丰收”。为了更好地建设“宋洼村”品牌藜麦，使宋洼村藜麦产业实现质和量的飞跃，使宋洼村成为固原乃至宁夏最大的藜麦种植、加工和销售区域，在已经建设的藜麦加工厂的基础上，引进国内先进藜麦设备一套，新建藜麦包装车间280m^2。通过宋洼村藜麦种植基地，全面构建以宋洼村为中心的区域藜麦产业，构建宋洼村藜麦产业一、二、三产业深度融合的现代产业体系，着力把宋洼村打造成农村产业融合发展的示范区，为农业增效、农民增收和乡村振兴做支撑。

二、产地差异发展变化

2006年3月底，经国家外国专家局引荐，玻利维亚国家农业部食品卫生服务局负责人、藜麦生产出口项目总负责人费尔南多先生携带4个藜麦品种（玻利维亚国内当时共有15个推广品种）到中国寻求合作，并亲临宁夏农林科学院农作物研究所进行现场种植指导，当时采用起垄覆膜和不覆膜两种方式种植，2006年底收获，2007—2008年继续进行4个品种的露地不覆膜，露地不起垄等各种试验。通过试验比较，宁夏种植的藜麦收获的籽粒比玻利维亚原产地生产的藜麦籽粒铁的含量高出300多倍，这是十分明显的产地差异。含铁量高的食物对人体的健康作用是众所周知的，几乎所有的人体组织都需要铁，尤其是脾脏、肝脏和肺。玻利维亚原产地藜麦籽粒钙镁含量远高于宁夏产地藜麦籽粒。如表1-1所示，宁夏与玻利维亚籽粒水分、灰分、钙、镁、铁等营养成分的比较。

表 1-1 宁夏与玻利维亚藜麦籽粒营养成分比较

单位：mg / kg

成分	红色藜麦粒	黄色藜麦粒	绿色藜麦粒	本地谷籽粒	玻利维亚藜麦粒
水分	7.94	8.37	8.29	9.90	—
灰分	15.60	18.60	12.20	3.37	—
粗蛋白	20.70	21.54	19.79	11.58	20.08
粗脂肪	3.44	2.04	3.48	3.60	1.50
粗纤维	12.60	8.82	10.00	9.16	3.40
钙	12.60	15.10	10.60	0.77	85.00
镁	12.00	14.00	11.00	1.72	204.00
铁	1 037.80	1 469.00	772.00	125.40	4.20

三、种植状况发展变化

（一）固原市固原分院藜麦种植示范点

2014年固原开始关注藜麦。2015年，宁夏农林科学院引进2个品种在该院固原分院基地进行试种，一个品种从山西引进，没有提供品种名称，另一个品种从甘肃引进，为陇藜1号，但由于引进的2个品种种子混杂严重，未能获得产量数据。其中山西品种能够正常成熟，但抗病性差，虽能正常成熟，但产量低。陇藜1号属于晚熟品种，当年未完全自然成熟就收获，无产量结果。

2016年从中国农科院品资所引进15个品系。大部分品种生育期较长，成熟度不够，9月底霜冻后收获，亩产量为85～133 kg，千粒重为2.15～3.4 g。收获期收集的22份藜麦样品测定营养指标，在宁夏农科院检测中心测定结果为：蛋白质13%～16.4%，平均含量为15%，钙为0.36～1.4 g/kg，与南美藜麦的蛋白质含量接近；赖氨酸6.7%～8.6%、铁0.0784%～0.623% 均远高于南美藜麦含量。2017年获宁夏农林科学院项目资助，在上年基础上，又从中国农科院品资所引进12个品系，从内蒙古、甘肃引进了3个品种，共有30个品种（系）。2018年开展了藜麦品种比较试验，藜麦区域性鉴定试验，藜麦高效播种保苗试验和藜麦播种期试验。试验按不同生态区域安排了3个试验点，分别在宁夏农科院头营试验站、隆德观庄基地、彭阳王洼镇，试验安排17个品种（系），各品种长势良好，其中有5个相对早熟品种。从2016年开始，固原分院分别在张易县、彭阳县等地安排农户小面积自发种植，提供品种均正常成熟，其中，彭阳孟源品相好，产量大约100千克。2017年，固原种植面积大约2 000亩左右，其中张易镇宋洼村种植1 000多亩，西吉县一个合作社种植600亩，彭阳辛集、孟源种植200亩，其他种植面积大约200亩左右。目前已积累了100多份不同形状的藜麦资源。

（二）固原市海原县藜麦种植示范点

海原县自2018年开始，在自治区小杂粮产业示范园连续开展藜麦新品种引进试验示范，2019年示范引进新品种48个，并辐射带动周边乡镇及合作社连片种植。到2021年已辐射带动全县各乡镇及专业合作社零星种植，广大农民群众通过示范点试验示范，现场会，研讨会及各种媒体宣传已认识藜麦，开始种植藜麦。2018年宁夏农科院安排布点提供种子，肥料及农膜等农资开始在武塬初步试验种植，依托县旱作节水示范园区的建设，完成藜麦试验示范种植20亩，布设试验3项，面积5亩；大田示范1项，面积15亩。引进藜麦新品种试验2组、品种18个，新型肥料试验1组，肥料2种。品种、肥料全部为宁夏农林科学院提供，品种来源于北京、云南、山西、甘肃。初步筛选出适宜海原县种植的藜麦

2018年海原藜麦种植示范点

新品种2个，即藜麦6号、藜麦7号，试验产量分别为232.92 kg、210.90 kg。

2019年，除在段塬旱作节水科技示范基地继续开展藜麦新品种引进、新型肥料的试验示范研究外，在关桥方堡、海城武塬、关庄高台等9乡（镇）10个行政村，建立藜麦试验示范点10个。共完成藜麦试验示范种植560亩，其中：白膜种植270亩，黑膜种植194亩，露地种植96亩。在武塬试验示范点引进新品种52个（在2018年种植的18个藜麦品种的基础上，2019年又引进藜麦新品种34个），开展 EMS 化学诱变育种1项；采用渗水地膜、白膜、黑膜、降解膜及露地种植等方式，布设不同品种、不同种植时间、不同种植密度、不同种植模式、育苗移栽等试验6项，新品种、新技术展示4项。海城武塬点种植情况以黑膜穴播种植亩产最高，最高产量达225.8 kg，其次为露地条播种植效果较好，实际亩产量175.3 kg，育苗移栽由于收获时受雨季的影响，收获不及时，产量损失最大，收获的实际亩产119.7 kg，连一半都不到；从种植管理方面来看露地条播适宜，种植管理简单，便于推广；其他各种植点，由于栽培管理难度大等原因，出苗少，产量低，收获不及时，损失严重，平均亩产只有75 kg。从当年新引进的品种中，又筛选出低中杆、早熟、整齐、产量较高的藜麦64号和66号2个品种。

（三）中卫市藜麦种植示范点

2014年，中卫市农牧专业合作社在香山红泉村老化压砂地试种了10亩，亩产130 kg。宁夏神聚农业科技开发公司也在老化压砂地示范种植了50亩，亩产112 kg。2015年，宁夏中卫市农牧专用合作社藜麦种植面积扩大到500亩，平均亩产120 kg。宁夏神聚农业科技开发有限公司，扩大到400亩，平均亩产153 kg。两家单位合计种植900亩。2016年，宁夏神聚农业科技开发有限公司扩大到1 450亩，并投资750万元建设了藜麦加工厂，对自己种植的藜麦进行精加工。当年因干旱少雨，有1 200亩长势喜人，但结实率很低，亩产不足70 kg，对企业打击很大。宁夏中卫市农牧专业合作社种植的200亩藜麦大部分田块出苗不好，缺苗严重，产量也很低。2017年，宁夏中卫市农牧专业合作社种植藜麦50亩，由于干旱保苗率不到30%，平均亩产仅为46 kg。宁夏神聚农业科技开发有限公司种植藜麦由2016年的1 450亩锐减为50亩。两家单位受到沉重打击，种植藜麦积极性严重受挫。

2018年，宁夏神聚农业科技开发有限公司经受不起干旱保苗难的打击，不敢冒险在中卫市地区种植藜麦，只能在青海省租了600亩地种植。青海省因地理特征有雪山融水作基本保障，不至于因干旱受挫。经宁夏农科院老科协出面协调，宁夏中卫市农牧专业合作社在本地区只种植了10亩，平均亩产138 kg。中卫市老科协在中卫市沙坡头区香山乡景庄村老化压砂地种植示范了12亩，平均亩产156 kg。2019年，宁夏神聚农业科技开发有限公司在中卫市常乐镇管辖的香山熊家水老化压砂地种植藜麦410多亩，平均亩产146 kg；继续在青海省种植藜麦600多亩，该企业一直想通过开发种植藜麦解决香山压砂地倒茬问题，并通过宁夏回族自治区政协委员调研，向自治区政协提案，以期解决问题。宁夏中卫市农牧专业合作社，在中卫香山常乐镇熊家水村山疙瘩家庭农场压砂地种植藜麦13亩，亩产158 kg。另外，中卫市老科协为了探索压砂地种植藜麦方式，解决保苗难的问题，将压砂地直播藜麦，改为育苗移栽，在中卫市金城种业科技有限公司育苗400盘，每盘98穴，将100盘出售给海原县武塬和方堡做藜麦移栽试验，将100盘出售给阿拉善左旗栾井镇，每亩栽植800穴共栽植12亩。剩下200盘在中卫香山地区的压砂西瓜地里，每亩套种栽植300~400穴，共套种了50亩。其中沙坡头区香山景庄村压砂西瓜地栽植套种了17亩。香山乡新水行政村高峰子队压砂瓜地里栽植套种了13亩。香山乡新水行政村任寨柯队的压砂瓜试验地里栽植套种了5亩。香山乡北麓沙坡头地区宣和镇辖区的压砂西瓜地里栽

2018年中卫示范点

植套种了7亩。在这些压砂瓜地里栽植套种的藜麦一般亩产70~110 kg。

（四）固原市张易镇宋洼村藜麦种植示范点

宁夏农林科学院持续提供技术支持，先后提供16个国内外引进的藜麦新品种，在张易镇宋洼村建立100亩藜麦试验基地，2017年小面积引种试种，2018年至2020年继续开展藜麦新品种引进、示范种植藜麦1 000多亩，研究不同藜麦品种在该基地生态条件下的适应性和栽培技术。通过示范种植促进了“藜麦＋合作社＋基地＋农户”产业化经营的发展。藜麦只是该基地引进的一种新型作物，虽具有极高且全面的营养价值，但在当地还没有成熟的栽培技术，可供参考的技术模式不多，在引进种植过程中需要不断摸索改进。宋洼村土地主要是以梯田形式存在，水土流失严重、土壤贫瘠、机械种植率低等现象严重，自身条件不能应对自然灾害，造成种植受损严重，进展成效并不显著。2021年由于天气大旱，造成小杂粮损失严重，产量很低。经过分析，在同样干旱的情况下，藜麦的抗旱性较优于其他小杂粮种类。主要原因：一是受气候影响。气温、土壤盐碱量、播种墒度等多种原因，造成出苗率不平衡，有的甚至重复播种。二是虫害防治困难。藜麦生态环境脆弱，藜麦抗虫性逐年增加，加之藜麦的适口性很好，藜麦在幼苗期和现蕾期普遍遭受害虫啃食，尤其在收获期不能喷药防治，又没有一套有效的防治措施，导致藜麦产量不高。共同研究解决藜麦田间出苗率和病虫防治的有效措施来提高藜麦产量。三深加工滞后。提高藜麦产品附加值，购买藜麦产品加工设备和加快藜麦秸秆饲料加工厂建设，提高秸秆利用率。四是继续扩大种植面积

2018年张易镇宋洼村藜麦示范点

固原市张易镇宋洼村藜麦示范基地技术培训

和培育多种品种，加大土地流转力度，改善土壤环境，选育优良品种，稳步扩大种植规模。五是加强与专家开展知识共享，走访调研不同区域的藜麦基地，学习藜麦先进种植技术，同时继续引进新品种和今年所培育的优良品种种子进行统一环境下对比试验，并加强管理，摸索出一套在宋洼村及宁南山区种植藜麦的最佳方案和最佳品种，试验不同农作物轮作的藜麦产量更高，改进现有种植技术，继续培训藜麦种植技术和推广藜麦种植，示范带动20户村民种植藜麦。

（五）银川市贺兰县藜麦种植示范点

2017年宁夏贺兰县科技局立项在贺兰县立岗镇张亮、清水等地引种试种藜麦，藜麦品种为河北太行藜麦，由两个企业介入流转土地450亩，进行规模化种植试种，最高亩产达到100 kg 以上，但绝大部分田块因高温导致花粉败育而绝收。

银川市贺兰县示范点

（六）吴忠市盐池县惠安堡藜麦种植示范点

2018年种植地点在盐池县大水坑镇摆宴井村，种植面积为11.5亩，种植了3个品种：藜麦6号、藜麦8号和藜麦9号。2018年为第一年种植，由于种植经验不足，加之气候干旱，第一次4月20日播种后全部没有出苗。5月20日利用自然降水抢墒播种，除藜麦6号有出苗外，其余两个品种均没有出苗。从藜麦6号的收获情况来看，盐池县大水坑镇摆宴井村完全能够种植藜麦，并且产量较高，海拔高度也较为合适。2021年该点继续种植，同时在吴忠市红寺堡兴盛村试验示范种植8.5亩5个品种：藜麦3号、藜麦4号、藜麦5号、藜麦8号和藜麦9号。由于地表干旱，连续两次补种都出苗太差，无法估产量。从两个试验点的投入与收获来看，盐池县大水坑镇摆宴井试验点的效益明显要好一些，红寺堡区兴盛村试验点虽然都有出苗，缺苗情况比摆宴井试验点稍好，但每亩投入较多，达到155元/亩，总的效益明显比摆宴井试验地差。目前，盐池县大水坑摆宴井试验点比较适宜种植藜麦，并且效益较好，建议在两个试验点继续进行品种比较性试验，同时进行小面积示范推广，扩大宁夏藜麦种植区域，为宁夏脱贫攻坚和农业种植业调整提供科学依据。

（七）石嘴山市平罗县藜麦种植示范点

2013年宁夏石嘴山市创业园吴夏蕊博士自2013年开始在石嘴山盐碱地进行藜麦引种试验，中央电视台还播出了宁夏藜麦种植的专题片。2019年自治区科技厅立项资助该博士创业，藜麦新品种引进筛选在盐碱地上种植适宜品种。平罗盐改站是盐碱较重的土壤类型。2020年，宁夏农林科学院林业与草地生态研究所挑选10个品种，在该站种植10亩进行比较，筛选适合盐碱地种植藜麦品种10个，因极端高温气候，当年出苗率低，都无法记录产量，有4个品种颗粒无收。

2020年盐改站示范点

（八）银川市永宁县征沙渠黄沙地藜麦种植示范点

位于银川市永宁县胜利乡的宁夏优缘禾良种培育中心，从2017年试种藜麦，2019年在征沙渠宁夏治沙学院旁种植30亩，当年产量结果不详。其他各市县也有零星种植，但都因对藜麦认识了解不够，种植技术要领没有完全掌握，导致种植失败而夭折。

第四节　宁夏引进藜麦品种种植试验——以2018年为例

宁夏农林科学院先后引进48个品种，其中国外品种11个，分别来自南非、秘鲁、美国、玻利维亚等国家；国内品种37个，分别来自甘肃、青海、山西、云南、内蒙古、台湾等省区，通过引种筛选适宜的品种推广种植。2018年，该院申报成功的宁夏回族自治区外专局藜麦项目在各市县区开展试验示范基点建立和品种分配工作，共建立了示范点8个，引进种植总体情况较好。主要根据种子量大小分别分发到各点试种鉴定，种子量多的各点都给分配，种子量少的只在固原分院关庄点和头营点试种，各点均有专人负责。在固原原州区开发区示范点种植品种5个，在固原张易镇宋洼村示范点种植品种16个，在隆德县关庄村示范点种植品种38个，在固原头营示范点种植品种38个，在海原县旱作小杂粮示范点种植品种16个，在中卫香山示范点种植品种10个，在盐池县惠安堡示范点种植品种3个，在红寺堡示范点种植品种5个。表现较好的示范点是隆德县关庄点（全部引种品种适应性鉴定，移栽，不同播期，不同密度，不同肥料等），海原县旱作小杂粮示范点（不同品种重复三次鉴定筛选试验，覆膜栽培试验，不同肥料品种试验，藜麦密度试验等）。表现较差的示范点是固原张易宋洼示范点，主要原因是宋洼实验示范点虫害极其严重，出苗前后虽采取人工措施防范，但已无法挽回损失，投入人力物力最多，寄予希望最大，16个新品种出苗前后遭虫吃严重，有些新品种于6月初几乎被虫吃尽。红寺堡点和盐池点因干旱出苗差，断苗缺垄严重。固原市原州区开发区点冻害严重，几乎全部冻死。中卫市香山点干旱出苗差，压砂地长势弱。2018年气候对藜麦各点试验影响较大，种植示范不尽如人意，没有达到预期效果。

一、固原张易镇宋洼村藜麦种植试验

（一）试验目的

引进藜麦品种（系）试种观察，通过品种比较试验和多点鉴定，筛选出适宜宁南山区不同生态区域种植的高产、优质藜麦主栽品种。

（二）试验材料与方法

1. 参试品种

参试品种选取16个，由自治区农科院老科协、自治区外国专家局马维亮、米海莉等教授提供。

2. 试验方法

由于宁夏固原市原州区张易镇宋洼村藜麦种植基地为梯田结构，随机划分

16块地域环境相近的梯田区域，每块梯田种植一个品种，种植行距50 cm，株距20 cm，每平方米种10株。试验采用育苗移栽覆膜种植。

覆膜播种（黑色膜）

表 1-2　不同藜麦品系产量记录表

藜麦品种	种植面积 / 亩	出苗率 /%	产量 /kg	亩产量 /kg · 亩 $^{-1}$
藜麦 3 号	2.9	83	134.5	46.38
藜麦 4 号	2.3	81	40.5	17.61
藜麦 5 号	1.5	74	8.5	5.67
藜麦 6 号	0.8	87	72	90
藜麦 7 号	2	71	15.5	7.75
藜麦 8 号	3.7	42	0	0
藜麦 9 号	2.3	81	13	5.65
藜麦 10 号	1.1	81	17	14.45
藜麦 11 号	0.9	39	0	0
藜麦 40 号	2.9	55	9.5	3.28
藜麦 41 号	2.5	69	11.5	4.6

续表

藜麦品种	种植面积 / 亩	出苗率 /%	产量 /kg	亩产量 /kg · 亩 $^{-1}$
藜麦 42 号	3.7	80	48.5	13.10
藜麦 43 号	2.1	88	12	44.43
藜麦 44 号	3	39	0	0
藜麦 45 号	3.4	81	95	15.83
藜麦 46 号	3	43	47.5	0

（三）试验结果

①所有品种出苗率都没有达到90%，品种适应性还有一个阶段。同时存活苗长势旺盛，穗部生长发育良好，但最终结实率差。有些生长周期长的产品绝产。

②综合各农艺性状和经济产量性状表现。如表1–2所示，表现较好的品种有藜麦3号、藜麦6号、藜麦43号，生长周期最短，产量最高。由于藜麦对土壤养分要求高，通常适宜种植在 pH4.5～9土壤之间，因此施农家肥才能保证藜麦所需养料。在种植过程覆膜采用白色透光性较好的白膜，能有效防止甜菜象甲和黑绒金龟甲的危害。

③由于种植技术落后，田间管理不同步以及种植区域的自然环境、气候、温度等原因，不能很好地筛选出适宜宁南山区不同生态区域种植的高产、优质藜麦主栽品种，需要通过多年种植以及对比筛选合适的品种。

④由于2018年雨水较多，对藜麦产量和试验影响很大。

二、固原市海原县段塬村藜麦种植试验

（一）黑色半膜覆盖种植藜麦品种比较试验。

2018年，按照宁夏农林科学院的试验要求，共安排藜麦试验两组，在海原县段塬示范基地种植，现将第二组藜麦品种比较试验做一汇总，如表1–3所示。同时为了更好地发挥我县的优势作用，试验研究藜麦在海原县的种植的最适宜品种，为大面积示范种植提供理论依据。

表 1–3　不同藜麦品系生育期记录表

序号	品种	种植	出苗	四叶	分枝	麦穗	成熟 /d	生育期 /d	全生育期 /d
1	藜麦 3 号	5 月 15 日	5 月 20 日	6 月 5 日	7 月 21 日	8 月 13 日	10 月 11 日	144	149
2	藜麦 4 号	5 月 15 日	5 月 20 日	6 月 21 日	7 月 25 日	8 月 13 日	10 月 13 日	146	151
3	藜麦 5 号	5 月 15 日	5 月 21 日	6 月 21 日	7 月 24 日	8 月 14 日	10 月 12 日	145	150
4	藜麦 6 号	5 月 15 日	5 月 20 日	6 月 4 日	7 月 22 日	8 月 12 日	10 月 9 日	142	147
5	藜麦 7 号	5 月 15 日	5 月 22 日	6 月 7 日	7 月 29 日	8 月 22 日	11 月 19 日	183	188
6	藜麦 8 号	5 月 15 日	5 月 23 日	6 月 7 日	7 月 30 日	9 月 18 日	未成熟	—	—
7	藜麦 9 号	5 月 15 日	5 月 20 日	6 月 21 日	7 月 25 日	8 月 19 日	10 月 16 日	149	154
8	藜麦 10 号	5 月 15 日	5 月 21 日	6 月 20 日	7 月 27 日	8 月 19 日	10 月 14 日	147	152
9	藜麦 11 号	5 月 15 日	5 月 22 日	6 月 8 日	7 月 29 日	9 月 12 日	未成熟	—	—
10	藜麦 40 号	5 月 15 日	5 月 21 日	6 月 20 日	7 月 31 日	8 月 20 日	10 月 16 日	149	154
11	藜麦 41 号	5 月 15 日	5 月 23 日	6 月 9 日	8 月 1 日	8 月 24 日	10 月 20 日	184	189
12	藜麦 42 号	5 月 15 日	5 月 20 日	6 月 20 日	7 月 27 日	8 月 21 日	10 月 16 日	149	154
13	藜麦 43 号	5 月 15 日	5 月 20 日	6 月 5 日	7 月 26 日	8 月 17 日	10 月 10 日	143	148
14	藜麦 44 号	5 月 15 日	5 月 23 日	6 月 9 日	8 月 4 日	9 月 17 日	未成熟	—	—
15	藜麦 45 号	5 月 15 日	5 月 20 日	6 月 21 日	7 月 28 日	8 月 23 日	10 月 21 日	154	159
16	藜麦 46 号	5 月 15 日	5 月 24 日	6 月 24 日	8 月 3 日	9 月 19 日	未成熟	—	—

1. 材料方法

（1）基本情况。

试验地设在海原县海城镇段塬村，位于海原县中部，海拔1 874 m，经度105° 35′ 13.62″ E，纬度36° 36′ 44.69″ N，年平均气温6.7℃，无霜期140 d，土质疏松，肥力中上，前茬为歇地。年降水量300 mm，主要分布在7—9月；≥10℃有效积温3 200 ℃。试验地为黑垆土，质地沙壤，土质疏松，土壤肥力均匀。

（2）参试品种。

藜麦40号、藜麦41号、藜麦42号、藜麦43号、藜麦44号、藜麦45号、藜麦46号、藜麦47号7个品种，以藜麦43号（CK）为对照品种。

（3）田间设计。

试验小区面积为4.5 m × 7 m=31.5 m^2，4垄8行，重复3次，随机排列，排距70 cm，区距50 cm，四周设保护行，宽100 cm，试验地面积2亩。

（4）田间管理。

①农事操作：在2018年5月25日完成黑色半膜平铺覆盖，覆膜前亩施磷酸二铵15 kg，专用肥20 kg，施用机械先犁后旋整地。采用人工黑色半膜平铺覆盖，用宽幅120 cm，厚0.012 mm 的地膜覆盖，垄宽75 cm，垄沟宽45 cm，每隔2 m 压一土带，防止被大风揭起。

②播种日期：5月27日，采用点播器人工点播种植，行距50 cm，株距30 cm，每亩播种4 500穴，每穴5~6粒，每亩播量0.15 kg（播种时与炒熟的谷子以1：3比例混合播种）。

③间苗：间苗2次，第一次待苗高2~3 cm 后间苗，每穴留苗2~3株，用湿土封口；第二次待苗高4~5 cm 间苗，每穴留苗1株，并用湿土封口定苗，每亩保苗4 500株。

④虫害防治：为了确保藜麦全苗，在播种后出苗前3 d，出苗后10 d，用毒死蜱、劲彪，防治甲虫和椿象，确保全苗，进行两次药剂喷雾防治；在藜麦开花期又防治1次，主要防治椿象类害虫。

⑤草害防治：藜麦对除草剂的反映特别强烈，为了确保藜麦健壮生长，在

苗期结合间苗进行人工除草两回，杜绝使用任何除草剂防除杂草。

⑥适时收获：根据藜麦生长成熟情况，结合气候特点和生育状况，适时收获。

2. 观测记载项目

（1）播前土壤肥力。

有机质含量为8.43 g/kg，全氮含量为0.65 g/kg，速效氮含量为21.2 g/kg，速效磷含量为13.1 g/kg，速效钾含量为156.5 g/kg，土壤容重为1.28 g/cm^3。

（2）降水量记载。

2018年海原县1月至9月上旬降水量为470.6 mm，各月降水分布不均匀，主要集中在7、8、9三个月。如表1–4所示。

表 1–4　2018 年海原县气象资料对比表

月份	2018 年平均气温 /℃	2017 年平均气温 /℃	历年平均气温 /℃	2018 年降水量 /mm	2017 年降水量 /mm	历年降水 /mm	2018 年日照时数 /h
1	–7.7	–4.4	–6.2	10.4	0	3.4	156.2
2	–3.9	–1.2	–3.2	2.8	8.2	4.3	208.3
3	7.9	1.7	2.3	1.2	11.3	8.2	225.7
4	10.9	10.1	9.1	33	13.2	18.7	227.8
5	15.2	15.3	14.5	62.5	44	38.5	262.9
6	19.6	19	18.5	51.9	47.3	51.1	223.7
7	20.2	22.5	20.3	107.9	103	68.1	198.1
8	19.6	17.8	18.6	151.9	214.6	85.5	142.5
9	12.6	15.3	14	49	17.6	50.9	111.8
平均	10.5	10.7	9.5	470.6	459.2	328.7	1 757

注：2018年1—9月份平均气温为10.5℃，较历年高0.7℃；1—9月份降水量合计为470.6 mm，较历年高141.9 mm；2018年1—9月份日照时数1 757 h。

2018年1—9月份年降水470.6 mm，各月降水分布，不影响藜麦拔节、显序，由于7—8月份降水量大，连阴天气多，9月份日照时数较少，光合作用偏低，对籽粒灌浆有一定的影响，使空粒、秕粒增多，产量减少。

（3）生育期记载。如表1-5所示。

表 1-5　藜麦品种生育期记载表

品种	播种期	出苗期	显序期	开花期	灌浆期	成熟期	收获期	生育期/d
40 号	5 月 26 日	5 月 31 日	7 月 14 日	7 月 28 日	8 月 13 日	9 月 19 日	9 月 22 日	117
41 号	5 月 26 日	5 月 30 日	7 月 12 日	7 月 25 日	8 月 10 日	9 月 16 日	9 月 18 日	114
42 号	5 月 26 日	5 月 31 日	7 月 13 日	7 月 25 日	8 月 11 日	9 月 18 日	9 月 22 日	116
43 号（CK）	5 月 26 日	5 月 31 日	7 月 15 日	7 月 28 日	8 月 13 日	9 月 20 日	9 月 24 日	120
44 号	5 月 26 日	6 月 1 日	7 月 21 日	9 月 19 日	—	—	10 月 12 日	—
45 号	5 月 26 日	6 月 1 日	7 月 21 日	9 月 20 日	—	—	10 月 12 日	—
46 号	5 月 26 日	6 月 1 日	7 月 22 日	9 月 24 日	—	—	10 月 12 日	—

（4）田间生长农艺性状记载及分析。如表1-6所示。

表 1-6　农艺性状记载表

品种	株高 /cm	籽粒颜色	茎秆颜色
40 号	1.62	黄铜	绿色
41 号	1.54	乳黄	绿色
42 号	1.59	乳黄	绿色
43 号（CK）	1.75	乳黄	绿色
44 号	1.53	白色	绿色
45 号	1.65	白色	绿色
46 号	2.34	紫色	紫色

（5）不同品种小区产量表现。如表1-7所示。

表 1-7　藜麦不同品种（随机排列）的产量结果

区组	Ⅰ	Ⅱ	Ⅲ	平均产量	亩产 /kg·亩 $^{-1}$	与 CK 增产 /%	位次
40 号	6.45	6.77	6.92	6.71	142.15	39.95	3
41 号	7.48	7.86	7.79	7.71	163.33	61.13	2
42 号	7.61	7.82	7.81	7.75	164.03	61.83	1
43 号(CK)	4.74	4.85	4.89	4.83	102.2	—	4
44 号	0	0	0	0	0	—	—
45 号	0	0	0	0	0	—	—
46 号	0	1	0	0	0	—	—

由于2018年种植期相对较晚，藜麦44、藜麦45、藜麦46号3个品种，尚未成熟，产量均为0，只能作为参试品种，不能作为品种比较，进行比较。如表1-8所示。

表 1-8　藜麦不同品种的产量结果

区组	Ⅰ	Ⅱ	Ⅲ	Ti	平均产量
40 号	6.45	6.77	6.92	20.14	6.71
41 号	7.48	7.86	7.79	23.13	7.71
42 号	7.61	7.82	7.81	23.24	7.75
43 号（CK）	4.74	4.85	4.89	14.48	4.83
Tr	26.28	27.3	27.41	80.99（T）	—
Xr	6.57	6.83	6.85	—	6.75

3. 统计分析

（1）自由度和平方和的分解。

①自由度的分解：

总自由度 DF=nk−1=3×4−1=11

区组 DF=n−1=3−1=2

品种（处理）DF=k−1=4−1=3

误差 DF=（n−1）×（k−1）=（3−1）×（4−1）=6

②平方和的分解：

矫正数 $C=\frac{T^2}{nk}=\frac{80.99^2}{3\times4}=546.62$

总 $SS=\sum_1^k\sum_1^n(x-\bar{x})^2=\sum_1^{nk}x^2-C=(6.45^2+6.77^2+6.92^2+7.48^2+\cdots+4.89^2)$

$=563.7-546.62=17.08$

区组 $SS=k\sum_1^n(\bar{x}_r-\bar{x})^2=\frac{\sum T_r^2}{k}-C=\frac{26.28^2+27.3^2+27.41^2}{4}-546.62$

$=546.81-546.62=0.19$

品种 $SS=n\sum_1^k(\bar{x}_i-\bar{x})^2=\frac{\sum T_i^2}{n}\ C=\frac{20.14^2+23.13^2+23.24^2+14.48^2}{3}-546.62$

$=546.81-546.62=0.19$

误差 $SS=\sum_1^k\sum_1^n(x-\bar{x}_r-\bar{x}_i+\bar{x})^2$= 总 SS− 区组 SS− 品种 SS=17.08−0.19−16.84=0.05

（2）方差分析表和 F 测验。

表 1–9　方差分析表

变异来源	自由度 DF	平方和 SS	均方 MS	F 值	$F_{0.05}$	$F_{0.01}$
区组	2	0.19	0.10	1.00	5.14	10.92
处理	3	16.84	5.61	56.1	4.76	9.78
误差	6	0.05	0.01	—	—	—
总变异	11	17.08	—	—	—	—

从表1-9中可以看出，品种间 $F=56.1>F_{0.05}$，H_0应予以否定，表示品种间差异显著，$F=56.1>F_{0.01}$，表示品种间差异极显著。则需进一步做多重比较。

（3）品种间比较。

①测验（LSD 法）。

品种间差数的标准误：

$$s_{\bar{x}_1-\bar{x}_2}=\sqrt{\frac{2s_e^2}{n}}=\sqrt{\frac{2\times0.01}{3}}=0.08$$

并有：

$$\left.\begin{array}{l}LSD_{0.05}=s_{\bar{x}_1-\bar{x}_2}t_{0.05}\\LSD_{0.01}=s_{\bar{x}_1-\bar{x}_2}t_{0.01}\end{array}\right\}$$

v=11时，查 t 值表，$t_{0.05}=2.447$，$t_{0.01}=3.707$，则

$$LSD_{0.05}=0.01\times2.447=0.024$$

$$LSD_{0.01}=0.01\times3.707=0.037$$

以各品种的小区平均产量（即 $\bar{x}_i$）进行比较，则

表 1-10　各品种产量和对照相比的差异显著性

品种	$\bar{x}_i$的比较	
	$\bar{x}_i$	差异
42 号	7.75	2.92**
41 号	7.71	2.88**
40 号	6.71	1.88**
43 号（CK）	4.83	—

注：** 表示差异极显著，* 表示差异显著。

以藜麦43号为对照品种，如表1-10所示，通过品种间平均数产量差异值与 $LSD_{0.05}$和 $LSD_{0.01}$值比较，各品种之间差异较大，其中：藜麦42、藜麦41、藜麦40

号3个品种比藜麦43号产量极显著，藜麦42、藜麦41、藜麦40号3个品种比藜麦43号产量差异显著。

②新复极差测验（LSR 法）。

小区平均数的比较为：

$$SE=\sqrt{\frac{s_e^2}{n}}=\sqrt{\frac{0.01}{3}}=0.058$$

查表8（1−10），当 v=（n−1）（k−1）时，P 自2至 k 的 $SSR_{0.05}$和 $SSR_{0.01}$值，进而算的 $LSR_{0.05}$和 $SSR_{0.01}$值。

$$\left.\begin{aligned}LSR_{0.05}=SE\cdot SSR_{0.05}\\LSR_{0.01}=SE\cdot SSR_{0.01}\end{aligned}\right\}$$

表 1−11　新复极差测验的最小显著极差

P	2	3	4
$SSR_{0.05,6}$	3.46	3.58	3.64
$SSR_{0.01,6}$	5.24	5.51	5.65
$LSR_{0.05,,6}$	0.20	0.21	0.21
$LSR_{0.01,6}$	0.30	0.32	0.33

表 1−12　新复极差测验

品种	产量（$\overline{x}_i$）	差异显著性	
		5%	1%
42 号	7.75	a	A
41 号	7.71	ab	AB
40 号	6.71	b	B
43 号（CK）	4.83	c	C

通过表1−11和表1−12进行比较，藜麦42、藜麦41、藜麦40号3个品种比藜麦43号均有5% 水平上的显著性；藜麦42、藜麦41、藜麦40号3个品种比藜麦43

号品种均有1% 水平的显著性。

③结论与建议。

综上述结果分析，参试的7个品种中，各品种之间产量差异显著，产量高低依次为藜麦42、藜麦41、藜麦40号、藜麦43号，亩产100 kg 以上，藜麦42、41号，亩产160 kg 以上，依次为藜麦40号，亩产量142.15 kg，介于二者之间，而藜麦44、藜麦45、藜麦46号3个品种尚未成熟。

藜麦品种试验在本地为第一年种植，在第二组品种试验中，产量最高的为藜麦42、藜麦41号，另外还有尚未成熟的品种，建议下一年继续试验种植，为今后藜麦在海原县的试验种植品种和种植技术提供有力的保障。

（二）新型肥料在藜麦栽培的对比试验

新型肥料是近年来新研发出来的一种肥料，主要以缓 / 控释肥料为主。近年来又研发出以腐殖酸类有机物质为代表的腐殖酸类缓 / 控释肥料。主要优点是氮、磷、钾等养分按植物需求达到全面、配方、长效、环保、减量、施用简单等效果。在粮食应用上很广泛。目前在经济作物上也有应用。本试验是在去年的枸杞、压砂瓜试验有效果的基础上扩展到藜麦种植的田间试验，为藜麦种植简单、长效、减量、环保的施肥方法探索新路，也为新型肥料扩展应用探索新路。

1. 材料方法

（1）基本情况。

试验地设在海原县海城镇段塬村，位于海原县中部，海拔1 874 m，经度105° 35′ 13.62″ E，纬度36° 36′ 44.69″ N，年平均气温6.7℃，无霜期140 d，土质疏松，肥力中上，前茬为歇地。年降水300 mm，主要分布在7—9月份；≥10℃有效积温3 200℃。试验地为黑垆土，质地沙壤，土质疏松，土壤肥力均匀。

（2）参试肥料。

①控释肥：宁夏农林科学院农业资源与环境研究所研发，由山东烟农肥业有限公司制造的水稻侧条施肥46%（$N:P_2O_5:K_2O=30:10:6$）专用控释肥，控释时间90 d。

②腐殖酸复合肥：河南心连心化肥有限公司研制的含47%（$N:P_2O_5:K_2O=18:9:18$）的水溶性腐殖酸复合肥。

③常规肥料：选择64%磷酸二铵（$N:P_2O_5=18:48$）

（3）施肥量。

①控释肥每亩40 kg/亩。

②腐殖酸复合肥40 kg/亩。

③常规施肥磷酸二铵10 kg/亩。

（4）施肥方法。

播种前结合整地，基施入土，深度5~10 cm，全生育期不追肥。

（5）田间设计。

试验采取小区面积为4.5 m×7 m=31.5 m^2，4垄8行，按照控释肥、腐殖酸复合肥、常规施肥重复3次，随机排列，排距70 cm，区距50 cm，四周设保护行，宽100 cm，试验地面积1亩。

（6）田间管理。

①农事操作：在2018年5月25日完成人工黑色半膜平铺覆盖，覆膜前施用机械先犁后旋整地。采用人工黑色半膜平铺覆盖，用宽幅120 cm，厚0.012 mm的地膜覆盖，垄宽75 cm，垄沟宽45 cm，每隔2 m压一土带，防止被大风揭起。

②播种日期：5月28日，采用点播器人工点播种植，行距50 cm，株距30 cm，每亩播种4 500穴，每穴5~6粒，每亩播量0.15 kg（播种时与炒熟的谷子以1：3比例混合播种）。

③间苗：间苗2次，第一次待苗高2~3 cm后间苗，每穴留苗2~3株，用湿土封口；第二次待苗高4~5 cm间苗，每穴留苗1株，并用湿土封口定苗，每亩保苗4 500株。

④虫害防治：为了确保藜麦全苗，在播种后出苗前3 d，出苗后10 d，用毒死蜱、劲彪，防治甲虫和椿象，确保全苗，进行2次药剂喷雾防治；在藜麦开花期又防治1次，主要防治椿象类害虫。

⑤草害防治：藜麦对除草剂的反映特别强烈，为了确保藜麦健壮生长，在

苗期结合间苗进行人工除草两回，杜绝使用任何除草剂防除杂草。

⑥适时收获：根据藜麦生长成熟情况，结合气候特点和生育状况，适时收获。

2. 观测记载项目

（1）播前土壤肥力。

有机质含量为8.43 g/kg，全氮含量为0.65 g/kg，速效氮含量为21.2 g/kg，速效磷含量为13.1 g/kg，速效钾含量为156.5 g/kg，土壤容重为1.28 g/cm^3。

（2）降水量记载。

2018年海原县1月至9月上旬降水量为470.6 mm，各月降水分布不均匀，主要集中在7、8、9三个月。如表1–13所示。

表 1–13　2018 年海原县气象资料对比表

月份	2018 年平均气温（℃）	2017 年平均气温（℃）	历年平均气温（℃）	2018 年降水量（mm）	2017 年降水量（mm）	历年降水（mm）	2018 年日照时数（h）
1	–7.7	–4.4	–6.2	10.4	0	3.4	156.2
2	–3.9	–1.2	–3.2	2.8	8.2	4.3	208.3
3	7.9	1.7	2.3	1.2	11.3	8.2	225.7
4	10.9	10.1	9.1	33	13.2	18.7	227.8
5	15.2	15.3	14.5	62.5	44	38.5	262.9
6	19.6	19	18.5	51.9	47.3	51.1	223.7
7	20.2	22.5	20.3	107.9	103	68.1	198.1
8	19.6	17.8	18.6	151.9	214.6	85.5	142.5
9	12.6	15.3	14	49	17.6	50.9	111.8
平均	10.5	10.7	9.5	470.6	459.2	328.7	1 757

注：2018年1—9月份平均气温为10.5 ℃，较历年高0.7 ℃；1—9月份降水量合计为470.6 mm，较历年高141.9 mm；2018年1—9月份日照时数1 757 h。

2018年1—9月份年降水470.6 mm，各月降水分布，不影响藜麦拔节、显序，由于7—8月份降水量大，连阴天气多，9月份日照时数较少，光合作用偏低，对籽粒灌浆有一定的影响，使空粒、秕粒增多，产量减少。

（3）生育期记载。如表1–14所示。

表 1–14　藜麦肥料生育期记载表

处理	播种期	出苗期	显序期	开花期	灌浆期	成熟期	收获期	生育期 /d
常规（CK）	5 月 28 日	5 月 31 日	7 月 15 日	7 月 28 日	8 月 14 日	9 月 20 日	9 月 22 日	119
复合肥	5 月 28 日	5 月 31 日	7 月 17 日	7 月 29 日	8 月 16 日	9 月 26 日	9 月 28 日	125
控释肥	5 月 28 日	5 月 30 日	7 月 11 日	7 月 26 日	8 月 11 日	9 月 16 日	9 月 18 日	115

（4）田间生长农艺性状记载及分析。如表1–15所示。

表 1–15　农艺性状记载表

处理	株高 /cm	籽粒颜色	茎秆颜色
常规（CK）	1.72	乳黄	绿色
复合肥	1.78	乳黄	绿色
控释肥	1.65	乳黄	绿色

（5）不同肥料小区产量表现。如表1–16所示。

表 1–16　藜麦不同肥料（随机排列）的产量结果

处理	Ⅰ	Ⅱ	Ⅲ	平均产量	亩产 /kg · 亩 $^{-1}$	与 CK 增产 /%	位次
常规（CK）	6.45	6.77	6.92	6.71	142.15	39.95	3
复合肥	7.48	7.86	7.79	7.71	163.33	61.13	2
控释肥	7.61	7.82	7.81	7.75	164.03	61.83	1

从表1-17中可知，控释施肥产量最高，复合施肥产量次之，常规产量最低。

表 1-17　藜麦不同肥料的产量结果

处理	Ⅰ	Ⅱ	Ⅲ	Ti	平均产量
常规（CK）	5.32	5.01	6.13	16.46	5.49
复合肥	6.28	6.03	6.41	18.72	6.24
控释肥	4.76	4.57	5.37	14.7	4.9
Tr	26.28	27.3	27.41	49.88（T）	—
Xr	6.57	6.83	6.85	—	5.54

3. 统计分析

（1）自由度和平方和的分解。

①自由度的分解：

总自由度 DF=nk−1=3×3−1=8

区组 DF=n−1=3−1=2

肥料（处理）DF=k−1=3−1=2

误差 DF=（n−1）×（k−1）=（3−1）×（3−1）=4

②平方和的分解：

矫正数 $C=\frac{T^2}{nk}=\frac{49.88^2}{3\times3}=276.45$

总 $SS=\sum_{1}^{k}\sum_{1}^{n}(x-\bar{x})^2=\sum_{1}^{nk}x^2-C=(5.32^2+5.01^2+6.13^2+6.28^2+\cdots+5.37^2)$

$=280.45-276.45=4$

区组 $SS=k\sum_{1}^{n}(\bar{x}_r-\bar{x})^2=\frac{\sum T_r^2}{k}-C=\frac{16.36^2+15.61^2+17.91^2}{3}-276.45$

$=277.36-276.45=0.91$

处理 $SS=n\sum_{1}^{k}(\bar{x}_i-\bar{x})^2=\frac{\sum T_i^2}{n}\ C=\frac{16.46^2+18.72^2+14.7^2}{3}-276.45$

$=279.15-276.45=2.7$

误差 SS= $\sum_{1}^{k}\sum_{1}^{n}(x-\bar{x}_r-\bar{x}_i+\bar{x})^2$= 总 SS- 区组 SS- 处理 SS=4−0.91−2.7=0.39

（2）方差分析表和 F 测验。

表 1–18　方差分析

变异来源	自由度 DF	平方和 SS	均方 MS	F 值	$F_{0.05}$	$F_{0.01}$
区组	2	0.91	0.46	4.6	6.94	18.00
处理	2	2.7	1.35	13.5*	6.94	18.00
误差	4	0.39	0.10	—	—	—
总变异	8	4	—	—	—	—

从表1−18中中可以，看出肥料间 F=13.5>$F_{0.05}$，H_0应予以否定，表示肥料间差异显著，F=13.5<$F_{0.01}$，表示肥料间没有差异极显著性。则需进一步做多重比较。

（3）肥料间比较。

①测验（LSD 法）。

肥料间差数的标准误：

$$s_{x_1-x_2}=\sqrt{\frac{2s_e^2}{n}}=\sqrt{\frac{2\times0.1}{3}}=0.26$$

并有：

$$\left.\begin{aligned}LSD_{0.05}=s_{\bar{x}_1-\bar{x}_2}t_{0.05}\\LSD_{0.01}=s_{\bar{x}_1-\bar{x}_2}t_{0.01}\end{aligned}\right\}$$

v=4时，查 t 值表，$t_{0.05}$= 2.776，$t_{0.01}$= 4.604，则

$$LSD_{0.05}=0.26\times2.776=0.722$$

$$LSD_{0.01}=0.26\times4.604=1.197$$

以各肥料的小区平均产量（即 $\bar{x}_i$）进行比较，则

表 1-19　各肥料产量和对照相比的差异显著性

处理	$\overline{x}_i$ 的比较	
	$\overline{x}_i$	差异
复合肥	6.41	0.28
常规（CK）	6.13	—
控释肥	5.37	-0.76*

注：** 表示差异极显著，* 表示差异显著。

从表1-19中可以看出，以常规施肥为对照，通过肥料间平均数产量差异值与 $LSD_{0.05}$和 $LSD_{0.01}$值比较，复合肥与常规施肥差异不大，控释肥产量较低，较常规施肥减产之间有显著性差异。

②新复极差测验（LSR 法）。

小区平均数的比较为：$SE=\sqrt{\frac{s_e^2}{n}}=\sqrt{\frac{0.1}{3}}=0.183$

查表1-20，当 v=（$n-1$）（$k-1$）时，P 自2至 k 的 $SSR_{0.05}$和 $SSR_{0.01}$值，进而算的 $LSR_{0.05}$和 $SSR_{0.01}$值。

$$\left.\begin{array}{l} LSR_{0.05}=SE\cdot SSR_{0.05} \\ LSR_{0.01}=SE\cdot SSR_{0.01} \end{array}\right\}$$

表 1-20　新复极差测验的最小显著极差

P	2	3
$SSR_{0.05,\ 4}$	3.93	4.01
$SSR_{0.01,\ 4}$	6.51	6.8
$LSR_{0.05,\ ,\ 4}$	0.72	0.73
$LSR_{0.01,\ 4}$	1.19	1.24

表 1-21　新复极差测验

处理	产量（$\overline{x}_i$）	差异显著性	
		5%	1%
复合肥	6.41	a	A
常规（CK）	6.13	a	A
控释肥	5.37	b	B

通过表1-20和表1-21进行比较，腐殖酸复合肥产量与常规施肥差异不显著，而常规施肥与控释肥之间差异显著。

③结论与建议。

综上述结果分析，参试的三种施肥方式，腐殖酸复合肥产量与常规施肥差异不显著，而常规施肥与控释肥之间差异显著，产量比常规施肥产量还低。

藜麦肥料试验在本地为第一年种植，产量差异不明显，建议下一年继续试验种植，为今后藜麦在海原县的试验种植提供有力的保障。

三、中卫香山、盐池和红寺堡藜麦种植试验

中卫香山、盐池和红寺堡示范基点表现一般。以盐池县惠安堡沙地种植藜麦试验为例。

（一）材料和方法

1. 试验材料

试验所用品种由玻利维亚国家农业部提供，1个野生种，3个家用种。根据玻利维亚提供的品种介绍：4个品种株高75~150 cm，生育期150~200 d，花为无限花序，花瓣呈粉色、红色、黄色、白色4种颜色。在当地产量一般在4 000~6 000 kg/hm^2。

当年引进4个品种在宁夏盐池惠安堡试种。生产水平为小麦1 125 kg/hm^2，玉米3 000 kg/hm^2，糜子1 500 kg/hm^2，属中部干旱带无保障低产种植区。

2. 试验方法与试验地基本情况

采用大田对比试验，设4个处理。每个处理为294 m^2（7 m × 42 m），从西向东依次为品种 A、品种 B、品种 C、品种 D（野生种）。试验地播种前施用复合肥300 kg/hm^2，旋耕，并起垄。每个处理起9垄，不覆膜；垄宽70 cm，垄高12 cm，垄距70 cm。4月13日播种，各小区采用人工点播于垄中央，行距70 cm，株距30 cm，10月底收获。播量9~12 kg/hm^2，每穴5~6粒，一般播到湿土上，撒种后覆盖1~3 cm 的细土，观察其特征特性并记录，了解抗旱特性。为干旱地带适宜种植作物提供依据。

惠安堡年平均降水量在200~250 mm。气温10 ℃ ~30 ℃，海拔1 300 m，无灌溉条件。土壤质地沙壤，常年种植糜子、荞麦或其他小杂粮，土壤养分贫瘠。

因为种子小，穴距较远，为了保证较高的出苗率，没有出苗的穴及时补种，或者采用带土移栽的方法补苗，以确保每穴有苗；待苗长到20 cm 左右时，及时向根部培少量的土，以便幼苗扎根。除草、松土、间苗等农田管理正常进行。

（二）结果与分析

1. 参试品种基本特性及产量结果分析（如表1-22所示）

在4个参试品种中，3个家用品种有较好的出苗率。品种 A 出苗率为80.7%，品种 B、品种 C 分别为93% 和94.5%。株高和分枝数比品种 B 相对较高，分别为174.3 cm 和48枝。籽粒颜色品种 A 为红色，B、C 为白色和红白色。抗倒伏性品种 C 表现最差。虽然品种 B 的平均株高相对于品种 C 高10 cm，但茎秆相对要粗一些，所以，抗倒伏性 B 好于 C。品种 C 千粒重最高，达4.19 g，比 A、B 高出1 g 多。从穗型上看，C 品种的穗型相对要集中一些，在成熟期容易造成头重脚轻的感觉，这也就是品种 C 抗倒伏能力较差的原因。千粒重高的藜麦品种，在籽粒加工上有优势，可以加工出高品质产品，商品性好。对于 C 品种在栽培的过程中，苗期可喷施适量的矮壮素抑制株高生长，或在苗中期适当培土来提高抗倒伏能力。品种 D 为野生品种，基本未出苗，分析原因主要是干旱造成的，可能是野生种对环境气候的要求比较苛刻所致。

如表1-22所示，品种B产量状况最高，达1 639.6 kg/hm^2，品种C为1 400.6 kg/hm^2，品种A为1 266.8 kg/hm^2。目前宁南山区藜麦种植面积较大，产量一般在2 000 kg/hm^{2}左右，综合评价藜麦在盐池县沙地试种效果还是不错的。按照宁南山区目前的市场收购价（20元/kg）计，盐池县沙地发展藜麦产业单位面积产值可达25 000元/hm^{2}以上，对于干旱地区经济发展有一定促进作用。

表1-22 引种藜麦生理表现及产量

品种	出苗率/%	平均株高/cm	分枝/个	籽粒颜色	抗倒伏性	千粒重/g	产量/kg·hm^{-2}
A	80.7	99.7	32	红	抗	3.14	1266.8
B	93.0	174.3	48	白	中抗	3.17	1639.6
C	94.5	164.3	23	红白	较差	4.19	1400.6
D	基本未出苗	—	—	—	—	—	—

2. 参试品种主要营养品质结果分析

蛋白质含量的高低是衡量藜麦品质的最主要指标。从长势较好的3个藜麦品种品质来看，蛋白质含量在19.79~21.54 g/100 g，如表1-23所示，除品种C外，品种A和品种B要高于玻利维亚原产地20.08 g/100 g，表明在盐池沙地种植藜麦，其蛋白质含量要优于原产地；脂肪含量盐池沙地藜麦是原产地的1.36~2.29倍，脂肪含量高说明该品种藜麦油性大则口感相对要好；纤维素、钙质含量也高于原产地1.25倍以上；尤其是铁含量非常明显，比原产地高出183倍以上。但镁含量远不及原产地的高，仅为原产地的6%。

藜麦做为一种杂粮作物与本地谷子品质比较，除了脂肪含量谷子略高于藜麦外，藜麦各项指标均高于谷子；与大米和小麦比较，藜麦除钙镁含量不及它们外，其他均高于大米和小麦。

品质结果分析表明，利用盐池沙地发展藜麦产业品质效果要好于原产地，主要是宁夏独特的地理气候环境有利于藜麦营养积累，所以把藜麦做为一种杂粮种植，对发展地方经济，完善人们膳食营养补充有很好的促进作用。

表 1-23　引种藜麦与部分粮食营养成分比较

营养	品种 A	品种 B	品种 C	玻利维亚原产地	本地谷子	大米	小麦
粗蛋白 /g · 100g^{-1}	20.70	21.54	19.79	20.08	11.58	7.20	11.50
粗脂肪 /g · 100g^{-1}	3.44	2.04	3.48	1.50	3.60	2.20	2.00
粗纤维 /g · 100g^{-1}	12.60	8.82	10.00	3.40	9.16	0.33	2.87
钙 /g · 100g^{-1}	12.60	15.10	10.60	8.50	0.77	39.00	41.00
镁 /g · 100g^{-1}	12.00	14.00	11.00	204.00	1.72	119.00	90.00
铁 /g · 100g^{-1}	1037.8	1469.0	772.0	4.20	125.40	2.80	3.30
水分 /%	7.94	8.37	8.29	—	9.90	—	—
灰分 /%	15.6	18.6	12.2	—	3.4	—	—

中卫市示范基点

红寺堡区示范基点

（三）小结

①引种的4个玻利维亚藜麦品种中，3个家用种在盐池县沙地能够正常生长，野生种耐旱能力差，出苗困难。所以在该地推广应选择家用种。

②3个家用种中，产量排序为：品种 B ＞品种 C ＞品种 A，但品种 C 的千粒重高，品相较好，但抗倒伏能力较弱。所以在该地发展藜麦产业选择品种应

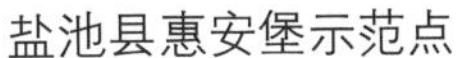

盐池县惠安堡示范点

盐池狼惠安堡不掌村示范基点

以品种 B 为主。

③品种 B 的品质指标除了脂肪含量相对低一点外，其他指标均优于其他品种，所以从产量品质结果分析，盐池沙地种植藜麦可选品种 B“为当家品种”。品种 A 因为株高较低，抗倒伏能力强，也有一定的种植价值，如果能在合理密植上进一步研究，其发展潜力较大。

④藜麦是一种全营养食物，对完善人们的膳食结构有很好的帮助，其药用价值、经济价值和生态价值近年来引起人们的高度重视，发展好藜麦产业对乡村振兴战略和地方生态建设有较好助力作用。

四、平罗盐改站藜麦种植试验

石嘴山平罗县盐改站示范点因当年高温、保苗难等问题，藜麦种植效果不好，藜麦穗未结实。

五、阶段性成果

①恢复和拓展了与国内外的交流与合作，为宁夏藜麦种植规模化奠定了基础。

②引进国内外不同类型新品种，丰富积累了藜麦种质资源，为进一步开展藜麦品种选育打下了基础。

③通过培训农村农业技术人员和种植藜麦专业合作社，编写科普实用技术手册，举办培训班，使更多农民认识藜麦，了解和掌握种植技术，提高管理水平。

④建立了藜麦研发技术团队和稳定的实验基地，为今后开展藜麦品种选育和配套栽培技术研究奠定了基础。

⑤召开论坛会邀请国内知名专家讲课，提高了宁夏同行的学术水平。

⑥初步探讨藜麦加工，试制地方特色产品。

⑦发表论文一篇《宁夏农林科技》2018年第五期。

第二章　藜麦产业概况

第一节　藜麦产业概况

一、藜麦产业概况

藜麦为高海拔作物，一直自然繁育，未经过人类强制干扰、遗传改良来增加产量，所以单位面积产量很低。不过它是纯自然的食物。然而，美国一些公司正在研究将转基因技术用于藜麦，让藜麦适应美国低海拔气候，增加藜麦产量。但原产地农民都在尽力保护属于他们的这一纯自然的稀有物种，大力发展有机种植保护藜麦纯天然性。现在藜麦98%以上来自南美洲，由于气候、地理、生产条件及政治等原因，南美洲藜麦产量已达到极限。2000—2008年，玻利维亚的藜麦出口价飙升了7倍，90%被发达国家购买。这一情况也严重影响到当地居民的食用和营养。所以，玻利维亚政府把藜麦设为“战略性物资”，并对孕妇补贴藜麦。

2010年，国际市场上藜麦最大消费国为美国和加拿大，欧洲市场后来居上，中国台湾地区，日本、韩国等国家也已有藜麦粒、藜麦粉等深加工产品销售。据权威分析，藜麦自从被重新发现以来，国际市场份额将达到百亿美元。美国销售的种子价格为每100粒3.00美元，合4 000美元 /kg。全球的藜麦原粮98%以上来自南美洲，由于需求强劲，自2008年开始几乎每年都供不应求。目前中国、加拿大、澳大利亚、法国等都在进行藜麦的本土化种植。藜麦虽然适应性很强，种子见水就发芽，适应旱地环境，很容易成活。然而，作为粮食作物，藜麦的“原始性”并不理想，在原产地，它的产量就不高，平均亩产只有50多千克。因此，种植它“成活容易，高产困难”。农民种藜麦追求的是足够多的产量和足够高的品质，而不仅仅是把藜麦像草一样养活着。要使藜麦长得好，则需要有非常适宜的“小环境、小气候”才行。目前各地种植藜麦是广种薄收。从这个角度来看，藜麦大规模推广种植还是比较艰难的。

二、藜麦生产概况

（一）产业价值

藜麦具有非常高的营养价值，其蛋白质含量在16%左右，高于水稻和玉米，与小麦相当，且其中含有的人体必需氨基酸比例均衡，易于被人体吸收。同时，藜麦富含维生素B、维生素C、维生素E和矿物质，以及皂苷、多糖、黄酮等生物活性物质。

（二）产业研究意义

除营养价值突出外，藜麦还具有耐寒、耐旱、耐贫瘠、耐盐碱等特性，对农业生态系统的可持续发展具有十分重要的意义。

（三）产业概况

1. 产业分布

藜麦主要分布在南美洲的秘鲁、玻利维亚、厄瓜多尔和智利等国。21世纪以来，欧洲的英国、法国、意大利、土耳其、摩洛哥和希腊，非洲的马里和肯尼亚，北美洲的美国和加拿大，以及亚洲的印度和中国等均开展了藜麦的引种和试种。

2. 产业适应性

只要在气温不低于零下4℃、不超过35℃的环境中，藜麦都能生长；它体内水分充足，即便生活在年降水量只有100~200 mm的半干旱气候下，其产量依然还能接受；它对土壤的养分、质地和酸碱性的耐受力也高于一般作物，具有耐寒、耐旱、耐瘠薄、耐盐碱等特性。

3. 产业开发价值

营养学里根据食物蛋白质所含氨基酸的种类和数量将食物蛋白质分为三类：完全蛋白、半完全蛋白、不完全蛋白。完全蛋白属于一类优质蛋白，它们所含的必需氨基酸种类齐全，数量充足，彼此比例适当。这一类蛋白质不但可以维持人体健康，还可以促进生长发育。奶、蛋、肉中的蛋白质都属于完全蛋白质。藜麦作为植物却含有动物才具有的完全蛋白，这是非常少见的。藜麦是全谷全营养完全蛋白碱性食物，胚乳占种子的68%，且具有营养活性，蛋白质含量高达16%~22%（蛋白质含量优于小麦和黄豆，与鸡蛋、牛肉相当），品质与奶粉及肉类相当，富含多种氨基酸，其中有人体必需的全部8种必需氨基酸（和婴幼儿成长必需的组氨酸），尤其是一般谷物中缺乏的赖氨酸含量很高（赖氨酸是人体组织生长及修复所必需的），且氨基酸含量和配比与 FAO 制定的人类营养标准十分接近，在食物大家族里足以“称霸一方”；另外藜麦富含钙、镁、磷、钾、铁、锌、硒、锰、铜等矿物质营养成分，且富含不饱和脂肪酸、类黄酮、B 族维生素和维生素 E、胆碱、甜菜碱、叶酸、α－亚麻酸、β－葡聚糖等多种有益化合物，膳食纤维素含量高达7.1%，胆固醇为0，不含麸质，低脂，低热量（305 kcal/100g），低升糖（GI 升糖值35，低升糖标准为55），这些数据几乎都是常见食物里最“优秀”的。如果让藜麦与小麦比较69蛋白质中的氨基酸，它则是“你有我多，你无我有”；藜麦赖氨酸的含量是等量小麦的5倍，苏氨酸、异亮氨酸、苯丙氨酸和甲硫氨酸等均是小麦的2倍以上，还含有小麦所不具备的6种非必需氨基酸，而各种氨基酸都对人体有极重要的生理作用。

第二节　藜麦销售情况

一、世界藜麦销售市场现状

秘鲁国家统计局的数据显示，2015年1—5月世界两大藜麦主产国秘鲁和玻利维亚的藜麦出口量分别为12 454 t 和9 248 t，出口总值分别为5 220万和4 710万美元，两国藜麦平均出口单价折合约4.58美元 /kg。美国的藜麦产品销售形式多样，电子商务和线下实体店同步发展。在美国亚马逊购物网站上，藜麦的销售价格普遍在25美元 /kg 以上，且多为有机食品。

二、我国藜麦销售市场现状

目前，我国藜麦原粮的收购价格约10~12元 /kg，经加工后的藜麦米售价差异较大，价格区间在30~200元 /kg。作为藜麦的主要消费国家，我国藜麦产品销售多以电子商务为主，其中淘宝是最主要的销售平台，京东和1号店等电商平台也有少量销售。国内鲜见藜麦的实体销售店。首届中国藜麦产业（长春）高峰论坛上，安徽燕之坊公司表示即将推出藜麦产品，并在其合作的2000余家超市上架，预计藜麦将很快走进百姓餐桌。

第三节　我国藜麦产业发展概况

一、我国藜麦产业的发展历程与方向

（一）藜麦产业的发展历程

我国西北地区，天气干旱，气温较低，昼夜温差较大，年降水量300mm左右，有着广大的可种植藜麦的土地。目前已有甘肃张掖、山西静乐、宁夏固原、青海德令哈等地均有规模化种植，并取得良好成绩。从藜麦的生态适应条件看，并不是只有高原地带才能种植。新疆南北各地，大多干旱，降水很少，只要有少量灌溉条件的地区均可种植藜麦。我国曾在20世纪80年代由原中国农业科学院作物育种栽培研究所引进藜麦资源，但未开展相关研究。2008年以来，我国开始规模化种植藜麦，目前种植面积已接近40万亩，藜麦产业呈现出良好的发展态势。

（二）藜麦种植典型案例

我国比较成功地引进种植藜麦的有山西西北部的静乐县，隶属山西省忻州市，平均海拔1500~2000m，年均气温7.3℃，昼夜温差较大，年降水量400多毫米，其中80%集中在6—7月。该县无工业污染、远离喧嚣都市，土壤也没有被农药

破坏。2011年春，稼祺公司与静乐县娑婆乡政府达成了藜麦试种计划。到2012年，静乐县藜麦种植面积激增到1 300亩，总产量23.4万 kg，平均180 kg/ 亩，最高亩产量达到302 kg。在种植藜麦之前，这里的农作物以豆类和胡麻为主，平均亩产100 kg，一千克产品价值也只有4元多。而藜麦，稼祺公司以6元 /500 g 的包购价与农村合作社签订协议。这样，每亩平均毛收入就是2160元，相当于种胡麻的4倍，还不用为卖不出去发愁，农民的积极性一下子就被调动起来了。到了2013年，藜麦已经迅速扩种到全县12个乡镇，总规模达到10 000亩，该县也因此获得了“中国藜麦之乡”的美誉。成为在非原产地的国家中种植面积第二位的县。

（三）藜麦产业发展方向

藜麦产业在我国的发展刚刚起步，产业本身还有很多亟待解决的问题。在栽培育种方面，存在优异种质资源少、优良品种缺乏、配套栽培技术不完善等问题，需要藜麦工作者大力开展引种工作，加快培育优质、高产、广适的藜麦品种，加强配套高产栽培技术研究，同时加快绿色有机食品认证。在生产加工方面，存在专用生产加工设备缺乏、产品结构简单、高附加值产品缺乏等问题，需要加快适应不同生态区域的播种、收获、脱粒及产后加工设备研发和集成，研发藜麦方便食品、婴儿食品及高附加值功能产品，丰富藜麦的产品形式。随着国内藜麦市场的发展，藜麦将很快走进千家万户，成为中国的新主粮。

二、我国藜麦种植规模现状

中国藜麦栽培育种开始于20世纪80年代末，我国在西藏地区进行了藜麦试种研究，然而直到2008年，藜麦才在山西省呈规模化种植。2014年以来，全国多个省份开始较大面积种植藜麦，其中，种植面积较大的省份有甘肃、山西、吉林、青海以及河北等，目前的总种植面积约40万亩。在大面积种植的同时，这几个省份的栽培及育种技术水平也得到了一定程度的发展，初步形成了适合不同省份的栽培方法，引进了数百份种质资源，获得了一批性状稳定的育种材料。

（一）山西省藜麦种植现状

山西省是全国率先开展大规模藜麦种植的省份。2015年，山西省的藜麦种植面积约为2.25万亩。其中，忻州市静乐县约1.5万亩，朔州市平鲁区约5 000亩，忻州市繁峙县、五台县和代县约1 500亩，忻州市宁武县、右玉县、保德县、神池县、岢岚县以及其他县市约1 000亩。山西省的藜麦栽培育种研究多由企业牵头开展，如山西稼棋藜麦有限公司，目前已成为国内专业进行藜麦育种的企业，已积累藜麦各类形状特色明显的种质资源2 000多份，并组成专业的育种团队，建立了稳定的试验示范基地，还建立了院士工作站等，省内农业科研院所和实验站，林业职业技术学院、山西省农业种子总站、山西省忻州市土壤肥料工作站等在近几年给予了企业较多的技术支持。经过多年的研究，山西省在藜麦播种、田间管理及收获方面总结出了较多的生产实践经验，同时筛选获得了早熟型和晚熟型藜麦品系，但相关品种审（认）定工作尚未开展。

（二）吉林省藜麦种植现状

吉林省自2013年开始在长春市和白城市开展小规模藜麦引种试种，并获得成功。2014年，吉林博大东方藜麦发展有限公司在长春市双阳区开始规模化种植藜麦，种植面积约1 000亩，平均产量达到200 kg/ 亩。2015年，长春市双阳区、吉林市永吉县、白山市临江市的藜麦种植面积达10 000亩，成为当时国内第二大藜麦种植省份。同时，吉林博大东方藜麦发展有限公司与中国农业科学院作物科学研究所建立了藜麦联合实验室，引进国内外藜麦资源100余份，在长春建立了藜麦品种选育基地。2015年8月，该公司与中国作物学会藜麦分会成功举办了“首届中国藜麦产业（长春）高峰论坛”，有力地促进了吉林省乃至全国藜麦规模种植的发展。

（三）青海省藜麦种植现状

藜麦作为青海的新兴作物，近几年呈现高速发展态势。2013年，青海省民和县引进美国藜麦品种开展试种评价。2014年，青海省海西州的乌兰、德令哈和格尔木开始较大面积种植藜麦，总种植面积达2 000多亩，平均产量达160kg/亩，最高产量达409kg/ 亩。2015年，海西州的都兰、乌兰、德令哈、格尔木、香日德等地，海东地区的互助、乐都、湟中、西宁等地均开始较大面积种植藜麦，总种植面积达7 600多亩。目前，青海省参与藜麦栽培育种研究的单位主要有青海省农林科学院、中国科学院西北高原植物所、青海乌兰三江沃土生态农业科技开发有限公司、青海瑞丰博众种植开发有限公司、西宁昆盛农业科技开发有限公司等。据青海省农作物品种审定委员会的信息，青海省2015年度参与区域试验或生产试验的藜麦品种共有8个，目前已经能够形状稳定而且大面积种植的品种有6个。2019年在格尔木创造了亩产791 kg 的全国高产纪录。

（四）甘肃省藜麦种植现状

甘肃省是较早开展藜麦引种试种研究的省份之一。2010年，甘肃省农业科学院畜草与绿色农业研究所从玻利维亚引进藜麦品种进行试种，并于2011年和2012年在永昌地区开展品种比较试验，筛选出优良的藜麦材料。随后筛选出的材料于2013年和2014年参加了甘肃省农作物品种审定委员会组织的区域试验和生产试验，最终通过了认定，登记为陇藜1号。这也是我国首个正式认定登记的藜麦品种。陇藜1号为中熟品种，生育期128~140 d，千粒重2.40~3.46 g，平均产量212 kg/ 亩，粗蛋白含量17.15%~18.78%，具有较好的抗叶斑病和抗霜霉病特性，适宜在甘肃省康乐县、永靖县、民乐县、兰州周边等海拔1 500 m 以上的区域推广种植。目前，甘肃省永昌、康乐、张掖、武威、定西、天水等10多个县市均有不同面积的藜麦种植，总种植面积约10万亩，成为目前国内藜麦种植面积最大的省。此外，正宁县、合水县、景泰县等地也引进藜麦资源，开展了品种适宜性评价。

（五）河北省藜麦种植现状

河北省藜麦产业发展起步较晚。张家口市农业科学院于2013年引进了4份山西省静乐县藜麦材料进行试种，小区产量达240.5 kg/ 亩，蛋白质含量为14.79%。2014年，该院在张北县建立藜麦育种基地，选育出了230多份不同类型资源，筛选出8份生长整齐、颜色一致的材料，其中有6份材料参加了2014年度河北省区域适应性试验，平均产量在200 kg/ 亩以上。张家口市农业科学院还与河北省蔚县农机公司合作，研究开发出藜麦专用播种机，同时开展了栽培密度、施肥、播种模式等藜麦栽培技术研究。2015年，张家口市农业科学院成立了藜麦研究所，这也是我国目前唯一的专业性藜麦研究所。

（六）宁夏藜麦种植现状

2006年3月底，经国家外专局引荐，引进玻利维亚4个藜麦品种试种，2007—2008年继续在宁夏农林科学院进行试种试验。由于品种不适合宁夏气候条件，栽培难度大，试验没有继续下去。2015年宁夏农林科学院固原分院引进了2个藜麦品种在固原市原州区进行适应性试种试验，但种子混杂十分严重，只观察到能正常成熟。2016年开始，固原分院又重新引进了国内外一些品种试种筛选，在隆德关庄基地引进筛选鉴定，目前已积累了100多份不同性状的藜麦资源，为藜麦育种奠定了基础。中卫市农业技术推广服务中心鲁长才研究员从2013年开始也在香山压砂地进行了藜麦引种试验，2013年试种了2亩，2014年示范了10亩，2015年试种了900亩，2016年试种了1650亩，产量在110~156kg/亩（老化压砂地的产量水平）。宁夏石嘴山市创业园吴夏蕊博士自2013年开始在石嘴山盐碱地进行藜麦引种试验，中央电视台还播出了宁夏藜麦种植的专题片。2017年宁夏贺兰县科技局在贺兰县立岗镇引种试验种植藜麦450亩，由企业介入流转土地进行规模化种植研发。海原县自2018年开始，在该县自治区小杂粮产业示范园连续开展藜麦新品种引进试验示范，2019年示范引进新品种48个，并辐射带动周边乡镇及合作社连片种植。通过展示示范，越来越多的群众认识藜麦了解藜麦，开始种植藜麦。固原市张易镇宋洼村每年种植藜麦1000多亩，带动附近农民就业，农忙时每天务工农民达50多人，宋洼村通过大面积种植藜麦，和乡村观光旅游结合，形成独特的旅游风景。

（七）其他省份藜麦种植研究

除前述6个省区外，西藏、黑龙江、内蒙古、四川、山东、江苏、安徽、贵州等省或自治区也相继开展了不同规模的藜麦种植及栽培育种研究。西藏自治区在20世纪90年代对藜麦进行了较多的研究，但近年来鲜见报道。据作者掌握的信息，西藏大学的贡布扎西教授已经选育出十余份藜麦品系。黑龙江省于2015年在大庆市、哈尔滨市和七台河市开展了藜麦的引种试种，藜麦长势良好。内蒙古农业大学于1988年引进藜麦，1992年在内蒙古自治区科技厅的支持下开展了藜麦生物学特性和丰产栽培技术研究。内蒙古农科院也获得立项资助专门开展藜麦品种筛选。同时，内蒙古益稷生物科技有限公司于2015年在呼和浩特市周边种植藜麦约300亩，长势较好。四川省于2015年在成都市的龙泉驿区和金堂县以及西昌市的美姑县和盐源县进行小面积种植试验，确定了成都地区的最佳播期为3月上旬，金堂县试种地平均产量为201 kg/ 亩，龙泉驿区平均产量为195 kg/ 亩。近两年全国各地种植藜麦的大致情况是，山东高密、山东诸城、江苏南京、安徽合肥和贵州贵阳等地进行了藜麦试种。山东地区播种时间在4月下旬为宜，平均产量约160 kg/ 亩；江苏、安徽等地因夏季气候炎热、降雨较多，导致藜麦严重减产；贵州试种藜麦产量不足156 kg/ 亩。

三、我国藜麦产量状况与前景

（一）产量状况与市场前景

1. 产量状况

据不完全统计，目前国内藜麦平均亩产一般在100~200 kg 之间，差别很大，青海格尔木创造了亩产791 kg 高产纪录，甘肃也出现亩产400 kg 以上的典型。但颗粒无收的比比皆是。虽然藜麦产量潜力很大，但栽培难度也很大。从地域上讲，产量由高到低依次为：青海、甘肃、山西、宁夏、河北等。

2. 市场前景

1992—2012年的21年间，全球藜麦贸易额由70万美元增加到了1.11亿美元，年均增长速率达28.8%。1992—1996年的5年间，世界藜麦总量的56% 出口到了美国，而在2008—2012年的5年间，世界藜麦产量增加了约2.12倍，美国仍然保持着56% 的进口总量，美国市场对藜麦的需求强劲。我国自2008年以来开始规模化藜麦生产，但目前尚未形成规模化的藜麦销售市场。按照目前全国40万亩的藜麦种植面积估计，平均产量约150 kg/ 亩，全部加工成藜麦米约5 000 t，平均以60元 /kg 销售，产值约3亿元。近年来，玉米面积的调减为藜麦的推广带来了重要的契机。一方面，种植藜麦可从政府获得一定的补贴，降低了前期的生产成本投入；另一方面，农民种植藜麦可获得较高的经济收入，提高了其种植积极性。藜麦作为一种兼具营养与生态价值的作物，必将“调结构，转方式，保增收”的农业政策落实中发挥重要作用。随着人民生活水平的提高和消费理念的转变，无污染、有利于健康的绿色有机食品越来越受到人们的青睐。秘鲁、玻利维亚等国通过有机食品认证来大幅提升藜麦的销售价格。藜麦本身具备耐贫瘠、抗病虫害的生理特性，生长过程几乎不需要过多施用化肥农药，易于实现绿色有机认证。目前，我国藜麦相关认证尚未开展，绿色有机认证必将使藜麦经济效益更加显著。

（二）产业前景展望

近年来，我国藜麦种植面积快速增加，在河北、山西、内蒙古、吉林、四川、贵州、云南、西藏、甘肃、青海、宁夏等20多个省区均有种植。研究的深度和广度也令藜麦原产地国家刮目相看。种植开发藜麦，附加值很高，有利于调整优化种植结构，对培育新的抗旱扶贫产业意义重大。

藜麦具有高蛋白、营养均衡的特性，在蛋白质含量和质量上堪与肉蛋奶匹敌，如果国民能够从藜麦作物中摄入更多蛋白质，就会相应减少对肉蛋奶的需求，从而减缓对国外大豆、豆粕的进口依赖，而且那种经由养殖业转化蛋白质的路径，效率显然很低。从提供蛋白质的角度来看，虽然目前藜麦只是一个特别小众的农作物，国内种植面积不超过50万亩，但从其发展势头来看，还是非常有潜力的。

相信在未来，藜麦会成为新晋主粮品种，但目前来看，尚有很大的距离。而且人们对小麦、大米这两种口粮，多年来已经形成了相应的饮食习惯，有一定的依赖性。藜麦并不会完全取代某种主粮，只能部分替代。

藜麦的耐逆性显著，可以培育适宜在盐碱地、干旱半干旱地区种植的品种，然后利用大量的边际土地进行种植，这相当于变相增加了可利用的耕地面积。同时，种植藜麦可节约大量的淡水资源，这一点对西北干旱地区来说，是非常难得的。从发展畜牧业的角度来看，藜麦整株蛋白质含量高、质量好，作为干饲料或青贮饲料，促进牛羊产奶效果不低于其他优质饲草。如果藜麦能够试种成功，对粮食安全的意义将无可限量。

当前，藜麦产业化种植在国内仍然存在瓶颈，比如，由于产量低，价格居高不下；在种植过程中，还没有可使用的除草剂，需要人工锄草，大大增加了种植成本，而且也存在人力季节性短缺的问题；种植所需要的配套机械，也没有得到较好解决。育种实际上是解决这些问题的根本途径，尤其是抗性、产量、耐除草剂，都可以通过育种解决。

基于藜麦对非生物逆境的较强适应力，在我国发展藜麦产业可实现干旱半干旱、盐碱等撂荒地重新利用，使藜麦种植成为主粮生产的有效补充，助力贫困山区人群的增收。我国未来发展藜麦产业应结合健康与养老、旅游、互联网、食品等产业的融合发展，使其成为农业产业发展的新途径。当前，我国藜麦的高产配套栽培技术、遗传研究、育种方法、种质资源创新、不同用途品种培育与加工技术研究均处于初级阶段，今后需加强以下几个方面的研究：①综合利用多组学方法，加强藜麦及近缘野生种包括四倍体和二倍体种质的重要性状，如生物量、产量、品质、生态适应性、抗病虫、抗除草剂等控制基因和QTL的克隆与功能分析，阐明目标性状的调控网络；②通过加强不同转化手段的基础研究，建立藜麦转基因体系，实现分子育种；③育种中通过延长或缩短光周期处理（如，短日照的藜麦，可添加CO_2浓度，或延长到14h的暗期处理，而长日照的藜麦则延长到22h光照处理），或者通过胚挽救方式萌发未成熟种子等方式缩短育种中继代周期来加速育种进程；④整合常规与分子育种模式，加快粮、菜、饲用和观赏等不同用途藜麦优良品种（系）的培育；⑤加强藜麦病、虫、草害综合防控体系的构建并以精准施肥为主要措施的配套高产栽培技术；⑥加强多样性藜麦产品和食品添加的深加工研发，整体促进我国藜麦产业的升级。

四、我国藜麦产业存在的主要问题

（一）生产加工现状

我国藜麦产业发展起步较晚，藜麦生产加工企业数量较少，缺乏专用生产加工设备，加工产品种类少。21世纪以来，随着发达国家藜麦主食化和多样化的发展，藜麦的国际市场需求强烈，极大地促进了藜麦的生产加工。近两年，受国际市场影响，我国藜麦生产加工有了较快发展。

（二）生产加工企业

近两年，我国藜麦生产加工企业数量呈现较快增长。全国组织机构信息核查系统数据显示，我国注册的藜麦生产加工企业为40家，还在逐年呈上升趋势，其中：山西29家、青海3家、北京3家、甘肃2家、吉林2家、河北1家。在这40家企业中，山西亿隆藜麦开发有限公司是全国较早开展藜麦米生产加工的企业之一。该公司具备年产3000t藜麦米的生产规模，并与中国农业科学院作物科学研究所签订了产品开发合作协议，新建了复合藜麦片和藜麦粉的生产线。吉林博大东方藜麦发展有限公司在吉林建立了自有藜麦种植基地，开发了藜麦米和藜麦茶等产品，目前已成为我国最具影响力的藜麦生产企业。山西忻静藜麦种植推广有限公司、山西稼琪农业科技有限公司和山西华青藜麦产品开发有限公司是山西比较知名的藜麦生产企业，均建有不同规模的藜麦种植基地，开发了藜麦米、藜麦面粉、藜麦面条等产品。乌兰三江沃土生态农业科技开发有限公司是青海规模较大的藜麦生产企业，建有2000亩藜麦种植基地，开发了藜麦米产品。宁夏固原张易宋洼土地股份合作社连续5年大面积种植藜麦，并筹资建立了藜麦专用加工厂。

（三）生产加工设备

秘鲁和玻利维亚等藜麦原产国在藜麦的播种、收获、脱粒、脱壳、分级筛选、除皂苷、产品加工方面积累了较多的生产实践经验。从最初的刀耕火种到21世纪初的播种机、收割机、脱粒脱壳机、分级筛选设备以及除皂苷设备的使用，再到2012年的联合收割机的使用，其藜麦的生产过程已经实现了机械化操作。我国藜麦生产各个环节的机械化水平差异较大。在播种、脱粒脱壳、分级筛选和除皂苷方面，通过套用或改装谷子或其他作物生产使用的设备，初步实现了简易机械化。但在藜麦田间收获方面，由于缺乏可大面积推广的品种，目前国内种植的藜麦多存在成熟期不一致的问题，给藜麦的机械化收获带来了较大的困难。若在藜麦成熟初期采用联合收割机收获，则会造成未熟籽粒的混杂，影响最终产品质量；若在成熟后期收割，则前期成熟的籽粒将散落田间，造成减产。藜麦收获设备的机械化程度与藜麦育种的发展水平息息相关，只有加大藜麦品种选育和推广，才能推进藜麦收获的机械化。

（四）生产加工产品

目前国内企业生产加工的藜麦产品主要为藜麦米。部分企业生产了藜麦面粉、藜麦面条、藜麦片、藜麦糊等产品。此外，藜麦片、藜麦复合粉、藜麦黄酒等产品也进入了试生产阶段。但由于藜麦在我国的食用历史不长，且缺少相关国家级或行业性质的质量标准，在办理食品生产许可时难以得到质检部门的批准。2015年8月，国家粮食局发布了我国第一个藜麦质量标准《藜麦米》（LS/T3245—2015）。该标准由中国农业科学院作物科学研究所牵头制定，可为藜麦米的生产提供质量控制依据，有助于推动藜麦米加工市场的有序发展。

第四节　宁夏藜麦产业概况

一、宁夏藜麦产业发展历程

2006年3月底，经国家外专局引荐，玻利维亚国家农业部食品卫生服务局负责人、藜麦生产出口项目总负责人费尔南多先生亲自携带4个藜麦品种（玻利维亚国内当时共有15个推广品种）到中国寻求合作，并亲自到宁夏农林科学院农作物研究所进行现场种植指导，当时分起垄覆膜和不覆膜2种方式种植，2006年底收获，2007—2008年继续进行4个品种的露地不覆膜、露地不起垄等各种试验。

表 2-1　宁夏与玻利维亚藜麦籽粒营养成分比较（2006 年 12 月）

单位：mg/kg

成分	红色藜麦粒	黄色藜麦粒	绿色藜麦粒	本地谷籽粒	玻利维亚藜麦粒
水分	7.94	8.37	8.29	9.90	—
灰分	15.6	18.6	12.2	3.37	—

续表

成分	红色藜麦粒	黄色藜麦粒	绿色藜麦粒	本地谷籽粒	玻利维亚藜麦粒
粗蛋白	20.70	21.54	19.79	11.58	20.08
粗脂肪	3.44	2.04	3.48	3.60	1.5
粗纤维	12.6	8.82	10.0	9.16	3.4
钙	12.6	15.1	10.6	0.77	85.00
镁	12.0	14.0	11.0	1.72	204.00
铁	1037.8	1469.0	772.0	125.4	4.20

如表2-1所示，通过试验比较，宁夏种植的藜麦收获的籽粒比玻利维亚原产地生产的藜麦籽粒铁的含量高出300多倍，这是十分明显的产地差异。含铁量高的食物对人体的健康作用是众所周知的，几乎所有的人体组织都需要铁，尤其是脾脏、肝脏和肺。而玻利维亚原产地的藜麦籽粒钙镁含量远高于宁夏产地藜麦籽粒。

二、宁夏藜麦产业现状

（一）固原市各市县藜麦发展

2014年开始关注藜麦。2015年引进两个品种进行试种，一个品种从山西引进，没有提供品种名称，另一个品种从甘肃引进，为陇藜1号，但由于引进的两个品种种子混杂严重，未能获得产量数据。其中山西品种能够正常成熟，但抗病性差，虽能正常成熟，但产量低。陇藜1号属于晚熟品种，当年未完全自然成熟就收获，无产量记录。2016年又从中国农科院品资所引进15个品系，大部分品种生育期较长，成熟度不够，9月底霜冻后收获，亩产量为85~133kg，千粒重为2.15~3.4g。收获期收集的22份藜麦样品测定营养指标，在宁夏农科院检测中心测定结果为：蛋白质13%~16.4%，平均含量为15%，钙0.36~1.4g / kg，与南美藜麦的蛋白质含量接近；赖氨酸6.7%~8.6%、铁0.0784%~0.623%，均远高于南美藜麦含量。2017年获宁夏农林科学院项目资助，在上年基础上，又从中国农科院品资所引进12个品系，从内蒙古、甘肃引进了3个品种，共有30个品种（系）。2018年开展了藜麦品种比较试验，藜麦区域性鉴定试验，藜麦高效播种保苗试验和藜麦播种期试验。试验按不同生态区域安排了3个试验点，分别在宁夏农科院头营试验站、隆德观庄基地、彭阳王洼镇，试验安排17个品种（系），各品种长势良好，其中有5个相对早熟品种。从2016年开始，固原分院分别在张易、彭阳等地安排农户小面积自发种植，提供品种均正常成熟，其中，彭阳孟源品相好，产量大约100多千克。2017年，固原种植面积大约2 000亩左右，其中张易镇宋洼村种植1 000多亩，西吉一个合作社种植600亩，彭阳辛集、孟源种植200亩，其他种植面积大约200亩左右，藜麦产业规模不断扩大。目前已积累了100多份不同形状的藜麦资源。

1. 海原县

海原县自2018年开始，在自治区小杂粮产业示范园连续开展藜麦新品种引进试验示范，2019年示范引进新品种48个，并辐射带动周边乡镇及合作社连片种植。到2021年，已辐射带动全县各乡镇及专业合作社零星种植，广大农民群众通过示范点试验示范，现场会、研讨会及各种媒体宣传已认识藜麦，开始种植藜麦。2018年，宁夏农林科学院藜麦项目组安排布点提供种子、肥料及农膜等农资开始在武塬初步试验种植，依托县旱作节水示范园区的建设，完成藜麦试验示范种植20亩，布设试验3项，面积5亩；大田示范1项，面积15亩。引进藜麦新品种试验2组、品种18个，新型肥料试验1组，肥料2种。品种、肥料全部为宁夏农林科学院提供，品种来源于北京、云南、山西、甘肃。初步筛选出适宜海原县种植的藜麦新品种2个，即藜麦6号、藜麦7号，试验产量分别为232.92 kg、210.90 kg。2019年，除在段塬旱作节水科技示范基地继续开展藜麦新品种引进、新型肥料的试验示范研究外，在关桥方堡、海城武塬、关庄高台等9乡（镇）10个行政村，建立藜麦试验示范点10个，共完成藜麦试验示范种植560亩，其中白膜种植270亩，黑膜种植194亩，露地种植96亩。在武塬试验示范点引进新品种52个（在2018年种植的18个藜麦品种的基础上，2019年又引进藜麦新品种34

个），开展EMS化学诱变育种1项；采用渗水地膜、白膜、黑膜、降解膜及露地种植等方式，布设不同品种、不同种植时间、不同种植密度、不同种植模式、育苗移栽等试验6项，新品种、新技术展示4项。海城武塬点种植情况以黑膜穴播种植亩产最高，最高产量达225.8 kg，其次为露地条播种植效果较好，实际亩产量175.3 kg，育苗移栽由于收获时受雨季的影响，收获不及时，产量损失最大，收获的实际亩产119.7 kg，连一半都不到；从种植管理方面来看露地条播适宜，种植管理简单，便于推广；其他各种植点，由于栽培管理难度大等原因，出苗少，产量低，收获不及时，损失严重，平均亩产只有75 kg。从当年新引进的品种中，又筛选出低中杆、早熟、整齐、产量较高的藜麦64号和66号两个品种。

2. 张易镇宋洼村

2017年小面积引种试种，2018年继续开展藜麦新品种引进、示范种植藜麦1 000多亩，区农科院提供16个国内外引进的藜麦新品种，建立100亩藜麦试验基地，研究不同藜麦品种在该基地生态条件下的适应性和栽培技术，通过示范种植促进了“藜麦＋合作社＋基地＋农户”产业化经营的发展。藜麦是该基地引进的一种新型作物，具有极高而且全面的营养价值，在当地还没有成熟的栽培技术，为该村可供参考的技术模式不多，在引进种植过程中需要不断摸索改进。固原市张易镇宋洼村每年种植藜麦1000多亩，带动附近农民就业，农忙时每天务工农民达50多人。宋洼村土地主要是以梯田形式存在，水土流失严重、土壤贫瘠、机械种植率低等现象严重，自身条件又不能应对自然灾害，造成种植受损严重，对观察生长记录等产生影响，对大面积推广藜麦机械种植技术、观察影响藜麦生长等带来很大影响。

①因气温、土壤盐碱量、播种墒度等多种原因，造成出苗率不平衡，有的甚至重复播种。

②施肥不当和病虫害严重，导致藜麦产量不高。共同研究解决藜麦田间出苗率和病虫防治的有效措施来提高藜麦产量。

③提高藜麦产品附加值，购买藜麦产品加工设备和加快藜麦秸秆饲料加工厂建设，提高秸秆利用率。

④继续扩大种植面积和培育多种品种，加大土地流转力度，改善土壤环境，选育优良品种，稳步扩大种植规模。加强与专家的知识共享，走访不同区域的藜麦基地，学习藜麦先进种植技术，同时继续引进新品种和2019年所培育的优良品种种子进行统一环境下对比试验，加强管理，摸索出一套在宋洼及宁南山区种植藜麦的最佳方案和最佳品种，试验不同农作物轮作的藜麦产量更高，改进现有种植技术，继续培训藜麦种植技术和推广藜麦种植，示范带动20户村民种植藜麦。

（二）中卫市藜麦发展

2014年，中卫市农牧专业合作社在香山红泉村老化压砂地试种了10亩，亩产130 kg。宁夏神聚农业科技开发公司也在老化压砂地示范种植了50亩，亩产112 kg。2015年，宁夏中卫市农牧专用合作社扩大到500亩，平均亩产120 kg。宁夏神聚农业科技开发有限公司扩大到400亩，平均亩产153 kg。两家合计种植900亩。2016年，宁夏神聚农业科技开发有限公司扩大到1 450亩，并投资750万元，建设了藜麦加工厂，意在对自己种植的藜麦进行精加工。1200亩长势喜人，但结实率很低，亩产不足70 kg，对企业打击很大。宁夏中卫市农牧专业合作社种植的200亩藜麦因干旱少雨，大部分田块出苗不好，缺苗严重，产量也很低。两家企业都受到了沉重打击，种植藜麦积极性严重受挫。2017年，宁夏中卫市农牧专业合作社种植藜麦50亩，由于干旱保苗率不到30%，平均亩产只有46 kg。宁夏神聚农业科技开发有限公司种植藜麦由2016年的1 450亩锐减为50亩。2018年，宁夏神聚农业科技开发有限公司在中卫市地区藜麦一亩都没种，宁夏中卫市农牧专业合作社只种植了10亩，平均亩产138 kg。2019年，宁夏神聚农业科技开发有限公司在中卫市常乐镇管辖的香山熊家水老化压砂地种植藜麦410多亩，平均亩产146 kg；在青海省种植藜麦600多亩。宁夏中卫市农牧专业合作社在中卫香山常乐镇熊家水村山疙瘩家庭农场压砂地种植藜麦13亩，亩产158 kg，产量有所增加。4年来，由于干旱程度随年份变化较大，造成藜麦结实率不高、产量极不稳定，使得企业对藜麦种植高产信心严重不足。

另外，中卫市老科协，为了探索压砂地种植藜麦方式，解决保苗难的问题，将压砂地直播藜麦，改为育苗移栽，在中卫市金城种业科技有限公司育苗400盘，其中300盘出售给海原县武塬和方堡做藜麦移栽试验。

（三）石嘴山市藜麦发展

2013 年宁夏石嘴山市创业园吴夏蕊博士自 2013 年开始在石嘴山盐碱地进行藜麦引种试验，效果较好。中央电视台对此进行了专题宣传，在宁夏石嘴山藜麦发展有很好的引导作用。2019年自治区科技厅立项资助该博士创业，藜麦新品种引进筛选在盐碱地上种植的适宜品种。但盐碱地改良种植藜麦经验不足，需要进行大量的引种试验，不断积累科学数据。

（四）贺兰县藜麦发展

2017年宁夏贺兰县科技局立项在贺兰县立岗镇张亮、清水等地引种试种，藜麦品种为河北太行藜麦，由两个企业介入流转土地450亩进行规模化种植试种，最高亩产能达到100kg以上，但绝大部分田块因高温导致花粉败育而绝收。藜麦产业发展需要地方政府的扶持和产业部门的大力支持，在科研团队和地方企业共同努力下，期待有良好开端。

（五）盐池县惠安堡藜麦发展

2018年开始种植，地点在盐池县大水坑镇摆宴井村，种植面积为11.5亩，种植了3个品种：藜麦6号、藜麦8号和藜麦9号。2018年为第一年种植，由于没有种植经验，第一次4月20日播种后全部没有出苗，又在5月20日利用降水抢墒播种，除藜麦6号有出苗外，其余均没有出苗。从藜麦6号的收获情况来看，盐池县大水坑镇摆宴井村海拔高度也较为适合完全能够种植藜麦，并且产量较高，2021年该点继续种植。从投入与收获来看，盐池县大水坑摆宴井试验点比较适宜种植藜麦，并且效益较好，建议继续进行品种比较性试验，同时进行小面积的示范推广工作，以扩大宁夏藜麦种植区域，为宁夏的脱贫攻坚和农业种植业调结构转方式奠定理论基础。

（六）红寺堡区藜麦发展

吴忠市红寺堡区兴盛村试验示范种植面积8.5亩。共种了5个品种：藜麦3号、藜麦4号、藜麦5号、藜麦8号和藜麦9号。由于地表干旱，连续两次补种都出苗太差，产量无法记录。

（七）平罗县盐改站藜麦发展

平罗盐改站是盐碱较重的土壤类型，2020年安排10个品种种植10亩进行比较，筛选适合盐碱地种植藜麦品种，结果10个品种都无法打产量，有4个品种颗粒无收。

（十）永宁征沙渠藜麦发展

位于永宁县胜利乡的宁夏优缘禾良种培育中心，从2017年试种藜麦，2019年在征沙渠宁夏治沙学院旁种植30亩，当年产量结果不详。

其他各市县也有零星种植，但都因对藜麦认识了解不够，种植技术要领没有完全掌握，导致种植失败而夭折。

三、宁夏藜麦产量状况

宁夏自种植藜麦以来，在引黄灌区种植一般亩产在100kg左右，但绝大部分是颗粒无收。南部山区种植藜麦一般亩产比引黄灌区要高一些，只要保苗措施到位，管理措施到位，一般亩产在150~250 kg之间。海原县武塬基地藜麦品种间差异很大，其中藜麦66号平均亩产281kg。根据近几年试验结果来看，宁夏种植藜麦的高产潜力在亩产400 kg左右，只要品种适宜，管理得当，高产的空间潜力还很大。

四、宁夏藜麦加工、销售状况

宁夏种植的藜麦销售主要是宋洼生产的“宋洼藜麦”，依靠网络平台，参加各种博览会、农销会，借助媒体宣传报道，销往全国各地，逐步进入百姓家庭。目前“宋洼藜麦”已成为宁夏知名品牌，远销东南沿海各大城市，市场价格在20~98元 /500g不等。因市场需求稳步上升，正在不断扩大种植基地。

五、宁夏藜麦产业发展中存在的主要问题及解决对策

（一）存在的主要问题

1. 对藜麦种质资源的研究不够深入

从多年引种试验结果看，绝大部分藜麦种植资源没有达到农艺学上的品种要求，田间表现为株型、穗型分离，株高参差不齐，株色、穗色差别较大，成熟期不一致等。宁夏和全国各地一样，这种现象比较普遍。

2. 对栽培环境与栽培技术缺乏研究

海拔高度是影响藜麦生长的关键因素，但目前对于藜麦种植海拔高度、产量、品质等方面的研究较少，生产种植上缺乏技术指导。如引黄灌区海拔低，藜麦结实率也较低，籽粒灌浆慢、不饱满、空秕率高。藜麦对除草剂反应敏感，风天打药极有可能对藜麦造成伤害而不结实或穗变形。在藜麦吐穗期（6月中旬至7月底）遇到超过30℃的高温会导致藜麦花粉败育而不结实，同时藜麦受病、虫、雀危害严重，防治有一定困难。机械化种植播种量少，籽粒小，难控制；收获不及时容易落粒，田间管理操作难度大，生产成本较高；种子易穗发芽（藜麦的种子休眠期极短，在穗上如遇雨12h 即可发芽）等关键问题的研究还需在种植实践中不断摸索解决。

3. 藜麦规模化种植要与产品产业化开发同步

山西稼祺藜麦农业科技有限公司从2007年开始试种藜麦，并迅速扩散到以静乐为中心，辐射到晋中地区示范种植，并推出“稼祺”牌藜麦系列产品（藜麦米、藜麦面粉、藜麦挂面、藜麦酒、藜麦小食品等）走向市场。而宁夏企业对藜麦的认知度不高，参与藜麦开发的积极性没有调动起来，因此开展藜麦规模化种植还没有和产品开发结合起来。

4. 藜麦为“外来物种”，引种、试种仍需风险评估

据相关资料报道，藜麦具有“耐盐碱、耐瘠薄、耐干旱、适应性强”等特点，正是“外来物种”易造成“入侵”的典型特性，藜麦引种需从生态学特性、风险评估等方面对其潜在危险进行评估。

5. 机械化种植困难

藜麦播种用种量少（播种量0.2~0.3 kg/ 亩），精量播种难度较大。收获时田间藜麦植株高矮不一，成熟不一，给机械收获带来一定困难。

（二）解决对策

1. 加强品种引进筛选研究

从品种引进和筛选着手，开展藜麦品种系统选育工作。选择农艺性状优良、结实率高、成熟度好的株系进行扩繁，利用藜麦繁殖量大的特点，短期内就可获得大量种子，并对其主要农艺性状进行比较筛选，对优良株系进行产量比较和适应性试验，再通过温室加代隔离纯化扩繁，力争3~5年审定品种。藜麦花药非常小，人工去雄又非常困难，因此杂交选育有一定难度，可先进行系统选育，通过单株纯化隔离，选择纯合的后代繁殖，获得纯合材料后再逐步开展杂交选育。山西稼祺藜麦有限公司近几年利用温室条件开展品种选育，已经有了一定的基础和进展。在选育矮秆、早熟、高产、抗穗发芽、独秆、茎秆实心抗倒伏的适于机械化种植的品种等方面已积累了经验，已经形成了规模，为品种选育奠定了基础。同时在还开展品质选育的同时，筛选优质专用加工型藜麦品种和旅游观光型农业专用品种（如旅游观赏型品种）。宁夏也可在藜麦品种引选上借鉴这些企业的经验，不妨引进该公司育成的各种半成品新品系试种，比自己选育要快得多，待条件成熟时再开展相应的研究工作。

2. 加强适宜种植区域技术研究

进行藜麦适宜种植区域研究，海拔高度对藜麦产量和品质影响较大，根据外省（区）试种藜麦结果显示，海拔高度是影响藜麦生长的关键因素，海拔越高，气候越冷凉，藜麦产量越高，温度对藜麦生长的生理生态影响机制还不清楚。宁夏南部山区海拔在1 500 m 以上，较为冷凉的山坡地适宜藜麦种植，海拔在1 000 m 以下地区种植藜麦的可能性还需进一步试验。宁夏石嘴山创业园吴夏蕊博士已经在石嘴山市种植了好几年，也积累了盐碱地种植藜麦的经验。藜麦引种试种初期还需考虑无公害栽培，以保证藜麦产品的品质。

3. 加强栽培技术研究

①适宜的播种时期，可避免开花期的高温天气对藜麦生长发育的影响，防止藜麦花粉败育而不结实。

②选择适宜的种植方式，如起垄覆膜种植、错期播种、反季节种植、复种等。

③加强藜麦的肥水管理研究，进行藜麦专用肥研究开发。

④进行藜麦地下害虫防治研究，藜麦地下虫害主要是地老虎，播前土壤施药或种子拌种有一定的防治效果。地上害虫主要是麻雀，可用防雀网防治（像枸杞那样）。

⑤藜麦没有专门的除草剂，而且藜麦对任何除草剂都敏感，容易产生药害，因此需加强藜麦专用田间除草剂的研发。

⑥充分利用藜麦耐低温而不耐高温的特点，进行垄作倒茬和错期播种、复种等栽培研究。如冬麦收获后复种藜麦早熟品种或蔬菜前茬收获后复种藜麦，以确保充分利用土地。

⑦制订藜麦轻简化栽培技术规程，重点研究草害、虫害的防治技术及全程机械化高效种植技术。

⑧藜麦种植、采用机械化在引进种植藜麦的初始，要考虑种植藜麦要降低生产成本和劳动强度，要考虑机械化问题，开展藜麦种植机械化和深加工技术研究，研发田间生产实用的耕作机械和收获机械，实现藜麦全程机械化种植。

4. 加强产品研发

目前开发的藜麦产品有酒、饮品、烘烤食品、挂面、饼干、面包、糕点、各种小食品及保健品、化妆品、美容用品，更深度的产品研发还有待于在藜麦规模化种植示范中逐步探索。

5. 开展秸秆饲料化利用研究

藜麦秸秆是较好的饲料，进行藜麦秸秆饲料化利用研究，如营养价值评定、添加藜麦秸秆肉牛育肥粗粮配方、不同收获期藜麦秸秆青贮营养价值评定、藜麦秸秆与玉米秸秆青贮饲用比较、藜麦谷壳饲料化开发利用等。

6. 探讨产业化发展新模式

藜麦的发展需走公司 + 基地 + 农户的模式，必须由企业介入，由企业流转土地，实现规模化种植，才能使藜麦发展形成产业化。可采用当年种植、当年加工、种植户积极参与的规模化种植管理模式。建立标准化永久生产基地，培育产品品牌，扩大市场影响力和占有率。利用现代电子物流平台，及时了解和掌握藜麦在国内外发展趋势的动态信息，以增强藜麦规模化种植的目的性。藜麦规模化种植还可与旅游产业相结合（借鉴油菜花开花季节观光旅游的经验，把产品开发与旅游产业结合起来）。

7. 加强国内外协作研究

目前宁夏已有藜麦种植经验，初步了解和掌握了藜麦的栽培技术。宁夏的气候条件、地理环境较甘肃、青海两省种植藜麦有明显的优势，而且有的市（县）已经进行了藜麦试种，积累了一定的经验，并逐年在扩大藜麦种植规模。藜麦种植在精准扶贫、节水抗旱方面有一定优势，政府应加强藜麦立项研究，扶持龙头企业参与，推动藜麦规模化生产，促进藜麦产业在宁夏的发展，为精准扶贫和节水抗旱开辟一条新途径。

第三章　宁夏藜麦产业发展关键技术研究与示范推广概况

第一节　藜麦育苗技术研究

2019年4月，中卫市一家专门育苗公司用基质育苗盘为海原县海城镇、关庄乡、贾塘乡藜麦种植基点育苗，其育苗方法、基质等完全和蔬菜育苗相同，每盘100穴，每穴3~5苗，每亩30盘。据育苗公司反应，藜麦育苗比蔬菜育苗要简单，容易操作。经育苗移栽试验，产量比覆膜高出近100 kg，虽然育苗移栽保苗容易，省种子，但育苗成本太高，移栽费工费时，无法在生产上推广应用。

第二节　藜麦种植栽培技术研究

2013年，随着藜麦种植在我国的兴起，藜麦和高粱、谷子、糜子、荞麦、燕麦、青稞等15种农作物划在小杂粮范畴。近几年，全国各省市都组织研发团队开展藜麦育种、配套高产栽培技术、抗逆性等专题研究。有些省区对藜麦研究的深度和广度已在其他小杂粮作物研究之上，如山西稼祺公司藜麦育种已形成一定规模，甘肃在祁连山脚下连片种植和旅游观光结合，吸引越来越多的人认识藜麦，了解藜麦。宁夏固原市张易镇宋洼村已连续5年种植藜麦，和美丽乡村观光旅游结合，吸引更多人认识藜麦，种植藜麦。

一、田间试验种植示范

2018年，西北地区各地陆续开始引种试种藜麦。为发挥宁夏海原县的杂粮种植资源优势，计划在当地增加藜麦种植品种。选择了9个藜麦品种进行田间种植试验，以期为当地大面积示范种植提供参考。

（一）试验内容

1. 试验地概况

试验地位于宁夏回族自治区海原县海城镇段塬村，海拔1 874 m，年平均气温6.7℃，≥10℃有效积温3 200 ℃，无霜期140 d，年降水量300 mm，主要分布在7、8、9月。试验地为黑垆土，质地沙壤，疏松且肥力均匀，前茬为歇地。播前土壤肥力为：有机质8.43 g / kg，全氮0.65 g/kg，速效氮21.2 mg / kg，速效磷13.1 mg / kg，速效钾156.5 mg / kg。土壤容重1.28 g / cm^3。

2. 参试品种

参试品种共9个：南非1号（原种植地北京）、南非2号（北京）、陇藜1号（甘肃）、陇藜2号（甘肃）、陇藜3号（甘肃）、陇藜4号（甘肃）、HTH（黑）-y605（山西）、HTH（白）-01（山西）、贺兰太行藜麦（本地品种，以此为对照）。上述品种均由宁夏农林科学院林业与草地生态研究所提供。

3. 试验设计与田间管理

每个参试品种对应1个处理，每处理重复3次，随机排列。试验小区面积均为31.5 m^2（4.5 m × 7 m），4垄8行。小区四周设宽1 m 的保护行。2018年5月25日完成试验地黑色半膜（幅宽120 cm，厚0.012 mm）平铺覆盖，覆膜前亩施磷酸二铵15 kg，专用肥20 kg。使用机械先犁后旋整地。垄宽75 cm，垄沟宽45 cm，每隔2 m 压一土带，防止地膜被大风揭起。5月27日，使用点播器人工点播种植藜麦，将藜麦种子与炒熟的谷子以1∶3比例混合后播种。行距50 cm，株距30 cm，每亩播种4 500穴，每穴5~6粒，每亩播量150 g。待苗高2~3 cm 时第一次间苗，每穴留苗2~3株，用湿土封口；苗高4~5 cm 时第二次间苗，每穴留苗1株，用湿土封口定苗，每亩保苗4 500株。试验全程记录各品种物候期，调查农艺性状。试验地使用药剂情况为：为确保藜麦全苗，在播后尚未出苗前，喷施氯氰菊酯防治田间甲虫；出苗后10 d，喷施甲维毒死蜱防治甲虫和椿象；在藜麦开花期喷施氰戊马拉松防治椿象等。藜麦对除草剂特别敏感，为确保其健壮生长，在苗期结合间苗进行两次人工除草，杜绝使用任何除草剂。根据藜麦生长成熟情况，结合气候特点，适时收获并测产。

（二）调查结果

1. 生育期

从表3–1中看出，各品种生育期在112~127 d 之间（表3–1）。南非1号生育期最短，其他品种生育期等于或长于对照品种贺兰太行藜麦（113 d），HTH（黑）–y605生育期最长，为127 d。

表 3–1　2018 年宁夏海原藜麦的生育期

参试品种	播种期	出苗期	显序期	开花期	灌浆期	成熟期	收获期	生育期 /d
南非 1 号	5 月 27 日	5 月 30 日	7 月 13 日	7 月 24 日	8 月 10 日	9 月 15 日	9 月 18 日	112
南非 2 号	5 月 27 日	5 月 30	7 月 13 日	7 月 25 日	8 月 10 日	9 月 16 日	9 月 18 日	113
陇藜 1 号	5 月 27 日	5 月 31 日	7 月 14 日	7 月 26 日	8 月 11 日	9 月 18 日	9 月 22 日	117
陇藜 2 号	5 月 27 日	5 月 31 日	7 月 15 日	7 月 28 日	8 月 13 日	9 月 22 日	9 月 24 日	119
陇藜 3 号	5 月 27 日	5 月 30 日	7 月 12 日	7 月 24 日	8 月 9 日	9 月 15 日	9 月 18 日	114
陇藜 4 号	5 月 27 日	5 月 31 日	7 月 16 日	7 月 26 日	8 月 13 日	9 月 22 日	9 月 24 日	119
HTH（黑）–y605	5 月 27 日	6 月 1 日	7 月 15 日	7 月 27 日	8 月 15 日	9 月 30 日	10 月 3 日	127
HTH（白）–01	5 月 27 日	6 月 1 日	7 月 16 日	7 月 26 日	8 月 13 日	9 月 28 日	10 月 3 日	125
贺兰太行藜麦（CK）	5 月 27 日	5 月 30 日	7 月 13 日	7 月 24 日	8 月 12 日	9 月 16 日	9 月 20 日	113

2. 农艺性状

从表3–2中看出，参试品种的株高为155~192 cm，陇藜2号最高，陇藜3号最低（表3–2）。试验期间各品种未见倒伏。籽粒颜色不一：南非1号为粉色，南非2号、HTH（黑）–y605为黑色，陇藜3号为橙色，其他品种为白色。茎秆颜色除南非2号为紫色外，其他均为绿色。

表 3–2　2018 年宁夏海原藜麦的株高与颜色

参试品种	株高 /cm	籽粒	茎秆颜色	参试品种	株高 /cm	籽粒	茎秆颜色
南非 1 号	157	粉红	绿色	陇藜 4 号	183	白色	绿色
南非 2 号	188	黑色	紫色	HTH（黑）–y605	176	黑色	绿色
陇藜 1 号	179	白色	绿色	HTH（白）–01	165	白色	绿色
陇藜 2 号	192	白色	绿色	贺兰太行藜麦（CK）	156	白色	绿色
陇藜 3 号	155	橙色	绿色				

3. 产量表现

表3–3中测产结果表明，各品种的小区平均产量为6.41~11.00 kg（小区面积31.5 m^2）。其中，陇藜4号和HTH（黑）–y605产量最高，二者间无显著差异，折合亩产均在210 kg/ 亩以上，分别较对照增产71.69%、55.46%；而其他品种亩产均在200 kg 以下。对照即当地之前种植的唯一藜麦品种贺兰太行藜麦的小区产量最低，显著低于其他品种。

表 3–3　2018 年宁夏海原藜麦的产量

参试品种	小区平均产量 /kg · 31.5 m^{-2}	折合产量 /kg · 亩$^{-1}$	较对照增加 /kg · 亩$^{-1}$	增产率	位次
南非 1 号	7.79 c	165.02	29.36	21.64	7
南非 2 号	7.82 c	165.59	29.93	22.06	6

续表

参试品种	小区平均产量/kg·31.5m^{-2}	折合产量/kg·亩$^{-1}$	较对照增加/kg·亩$^{-1}$	增产率	位次
陇藜1号	9.31 bc	197.21	61.55	45.37	4
陇藜2号	7.76 c	164.31	28.65	21.12	8
陇藜3号	8.20 c	173.63	37.97	27.99	5
陇藜4号	11.00 a	232.92	97.26	71.69	1
HTH（黑）-y605	9.96 ab	210.90	75.24	55.46	2
HTH（白）-01	9.37 b	198.34	62.68	46.20	3
贺兰太行藜麦（对照）	6.41 d	135.66	—	—	9

（三）小结

2018年7—9月，海原县连阴天气多，日照时数较少，导致试验田藜麦光合作用偏低，对其籽粒灌浆有一定的影响。但部分参试品种的产量表现仍较为理想，其中，陇藜4号和HTH（黑）-y605的亩产达到210 kg以上，HTH（白）-01、陇藜1号的亩产也达到了190 kg以上，明显高于做为对照的本地品种，增产率均在45%以上。本试验为海原县当地首次进行多个品种藜麦的试种，为新品种在当地的推广种植打下了基础，各品种的相关调查数据，以及试验所用的田间管理技术，对于当地的种植实践也具一定参考价值。

二、规模化种植

（一）开展藜麦种质资源研究

从实地考察结果看，绝大部分藜麦资源没有达到农艺学上的品种要求，田间表现为株型、穗型分离，株高参差不齐，株色、穗色差别较大，成熟期不一致等。宁夏和全国各地一样，这种现象比较普遍。宁夏中卫市农牧专业合作社自2013年开始在香山压砂地试种藜麦2亩、2014年10亩、2015年900亩、2016年1650亩，亩产量在112~153 kg。原州区红崖乡2016年试种藜麦50亩，平均亩产

100 kg 以上，最高达200 kg。2017年继续扩大示范种植。固原市原州区张易镇宋洼村连续5年结合乡村旅游观光大面积种植藜麦，2018年种植1 000亩，2019年种植1 100亩，成为六盘山脚下旅游观光一道亮丽的风景。“宋洼藜麦”已成为宁夏的知名品牌，远销沿海大城市，已逐步通过媒体宣传被市民接受，走上老百姓的餐桌。

宁夏农科院固原分院2014年开始连续引种试验、鉴定。2017年获农科院立项支持开展研究，目前已积累了100多份藜麦种子资源。2017年，贺兰县有两个企业在张亮、清水试种450亩，最高亩产达到100 kg 以上，但绝大部分田块因高温导致花粉败育而绝收。2020年，宁夏农科院在平罗盐改站示范种植8个藜麦新品种，但结实率都很差。2018年，宁夏农科院获自治区外专局立项资助，分别在海原、固原、彭阳、隆德、西吉、中卫、盐池等市县布点进行藜麦引种试验示范，并先后从南美、欧洲、亚洲等许多国家和国内引进118个品种试种，并结合引种示范开展了藜麦抗旱节水配套栽培技术研究。2019年除在南部山区各市县布点继续试验示范外，同时在海原县9个乡镇布了10个点示范590亩，安排了不同探索性试验示范，并在海原县成功举办了宁夏首届藜麦研讨会，邀请国内知名专家讲课，在各市县先后举办了藜麦培训班，发放藜麦科普手册，组织农业技术人员到山西稼祺公司考察藜麦育种，参加全国藜麦论坛会，测试藜麦籽粒及秸秆营养品质，测定藜麦抗旱、耐寒、抗逆性等。2021年，宁夏农科院又在固原、海原、隆德、彭阳、同心下马关、平罗盐改站等地继续试种，筛选适宜品种，并在吴忠孙家滩国家示范园区温室和银川市良田镇和顺村温室种植国内外新引进藜麦品种筛选粮用、菜用和饲用藜麦品种。

近几年，各市县均有零星种植。由于缺乏适宜品种，栽培难度大、年际间气温变化大、种植技术难掌握等原因，导致种植藜麦企业或种植户屡屡受挫，使宁夏发展藜麦受到限制。全区种植藜麦约6 000亩左右，主要分布在固原、隆德、西吉、彭阳、海原等气候较为冷凉地区，引黄灌区各市县也有零星种植，产量在100~150 kg 之间。和小杂粮种植相比，种植藜麦难度要大很多，规模种植还在摸索之中。由于近几年春季持续干旱少雨，小杂粮大面积种植受到影响，尤其是近几年播种时地表干旱，小杂粮和藜麦无法播种，致使大面积规模化种植受阻。特别是2020年4—5月份几乎零降水，导致藜麦无法播种，对藜麦产业规模化发展影响较大。在不断摸索、搜集国内外藜麦新品种，跟踪藜麦配套栽培新技术的同时，探讨开发藜麦新的用途。

率先在全国开展藜麦芽菜的开发利用。（宁夏贺兰）

藜麦秸秆饲喂牛羊的综合利用。（甘肃）

藜麦抗逆性鉴定（抗旱、抗寒、抗盐碱）。（北方民族大学）

藜麦籽粒品质分析及秸秆营养养分测定。（宁夏农科院）

播种与收获机械的改进与引进。（海原县）

藜麦叶茶及保健饮料及藜麦八宝粥的研发。（国内，娃哈哈集团等）

藜麦化妆品的研发。（国外）

温室不同环境，不同品种形状鉴定及藜麦菜开发利用。（宁夏农科院）

藜麦不同品种温室种植菜用品种营养品质测定。（宁夏农科院）

（二）栽培环境技术研究

1. 栽培环境

目前对于藜麦种植海拔高度、产量、品质等方面的研究较少，生产种植上缺乏技术指导。如灌区海拔低，藜麦结实率也较低，籽粒灌浆慢、不饱满、空秕率高。藜麦对除草剂反应敏感，风天打药极有可能对藜麦造成伤害而不结实或穗变形。在藜麦吐穗期（6月中旬至7月底）遇到超过30 ℃的高温会导致藜麦花粉败育而不结实，同时藜麦受病、虫、雀危害严重，防治有一定困难。机械化种植播种量低、难控制，收获不及时容易落粒，田间管理操作难度大，生产成本较高，种子易穗发芽（藜麦的种子休眠期极短，在穗上如遇雨12 h 即可发芽）等关键问题的研究还需在种植实践中摸索解决。

2. 栽培条件

成功开展藜麦生产的主要先决条件是品种、土壤、土壤的 pH 值、气候、水、降水、温度、辐射和海拔高度。高寒冷凉地区具有最适宜的种植条件。即使相同的品种，在不同环境，藜麦的品质、产量相差极大。整地是决定藜麦种植能否成功的关键。鉴于藜麦种子个体小和对土地类型严苛的要求，必须掌握符合藜麦生长要求的栽培技术和方法。在选择种植藜麦的土地时，不可与非同科作物进行轮作（在宁夏，与藜麦同科的作物是菠菜和甜菜等），最好是曾种过马铃薯或其他块茎植物的土地，利用疏松的土壤和残留养分，前茬是小麦和豆科作物最好。应当在天气条件最有利的时候进行播种，适宜的温度为15~20℃，土壤层温度高于8℃，土壤湿度至少相当于田间持水量的3/4，以促进种子发芽。与其他任何植物一样，除了寄主媒介传播的病虫害对未来生产潜力和种子质量产生影响以外，藜麦也容易受到杂草的竞争，尤其是在生长初期，因此建议尽早除掉杂草，以避免它们对水、养分、光线和空间的竞争。需要及时防治病虫害，采取预防措施，避免造成严重损失。尤其连片种植后，病虫害会很严重。收获是种植藜麦生产过程中的关键，因为它决定着能否获得可供出售的优质商品粮食。在土壤、湿度和温度条件最佳的情况下，藜麦潜在产量可以达到11 t/hm^2。商业产量约6 t/hm^2。但是出于对品质要求，产量2.5~4 t/hm^{2}是最佳选择。

藜麦商业化种植在中国乃至原产地以外的国家时间都比较短，大多是近几年开始尝试种植。有些国家或企业对待藜麦的态度比较明确，认定了藜麦是好食材，具有广阔的开发价值，所以投入大量人力物力进行研发。如山西稼棋藜麦有限公司。

（三）规模化种植与产品产业化开发同步

山西稼祺藜麦农业科技有限公司从2007年开始试种藜麦，并迅速扩散到以静乐为中心，辐射到晋中地区示范种植，并推出“稼祺”牌藜麦系列产品（藜麦米、藜麦面粉、藜麦挂面、藜麦酒、藜麦小食品等）走向市场。而宁夏企业对藜麦的认知度不高，参与藜麦开发的积极性没有调动起来，因此，开展藜麦规模化种植就必须和产品开发结合起来。

（四）引种、试种风险评估

据相关资料报道，藜麦具有“耐盐碱、耐瘠薄、耐干旱、适应性强”等特点，正是“外来物种”易造成“入侵”的典型特性，引种需从生态学特性、风险评估等方面对其潜在危险进行评估。

（五）机械化种植困难

藜麦播种用种量少（播种量3.0~4.5 kg/hm^2），精量播种难度较大。收获时田间藜麦植株高矮不一，成熟不一，给机械收获带来一定困难。

三、推进宁夏藜麦规模化发展的建议

（一）加强品种引进筛选研究

从品种引进和筛选着手，开展藜麦品种系统选育工作。选择农艺性状优良、结实率高、成熟度好的株系进行扩繁，利用藜麦繁殖量大的特点，短期内就可获得大量种子，并对其主要农艺性状进行比较筛选，对优良株系进行产量比较和适应性试验，再通过温室加代隔离纯化扩繁、力争3~5年审定品种。藜麦花药非常小，人工去雄又非常困难，因此杂交选育有一定难度，可先进行系统选育，通过单株纯化隔离，选择纯合的后代繁殖，获得纯合材料后再逐步开展杂交选育。山西稼祺藜麦有限公司近几年利用温室条件开展品种选育，已经有了一定的基础和进展。在选育矮秆、早熟、高产、抗穗发芽、独秆、茎秆实心抗倒伏的适于机械化种植的品种等方面已积累了经验，已经形成了规模，为品种选育奠定了基础。同时还开展了品质选育，筛选优质专用加工型藜麦品种和旅游观光型农业专用品种（如旅游观赏型品种）。宁夏也可在藜麦品种引选上借鉴这些企业的经验，不妨引进该公司育成的各种半成品新品系试种，比自己选育要快得多，待条件成熟时再开展相应的研究工作。

（二）加强藜麦适宜种植区域技术研究

进行藜麦适宜种植区域研究。海拔高度对藜麦产量和品质影响较大，根据外省（区）试种藜麦结果，海拔高度是影响藜麦生长的关键因素，海拔越高，气候越冷凉，藜麦产量越高，温度对藜麦生长的生理生态影响机制还不清楚。宁夏南部山区海拔在1 500 m 以上，较为冷凉的山坡地适宜藜麦种植，海拔在1 000 m 以下地区种植藜麦的可能性还需进一步试验。宁夏石嘴山创业园吴夏蕊博士已经在石嘴山市种植了好几年，也积累了盐碱地种植藜麦的经验。藜麦引种试种初期还需考虑无公害栽培，以保证藜麦产品的品质。

（三）加强藜麦机械化种植

在引进种植藜麦的初始，就要考虑种植藜麦要降低生产成本和劳动强度，就要考虑机械化开展藜麦种植机械化和深加工技术研究，研发田间生产实用的耕作机械和收获机械，实现藜麦全程机械化种植。

四、开展藜麦秸秆饲料化利用研究

藜麦秸秆是较好的饲料，进行藜麦秸秆饲料化利用研究，如营养价值评定、添加藜麦秸秆肉牛育肥粗粮配方、不同收获期藜麦秸秆青贮营养价值评定、藜麦秸秆与玉米秸秆青贮饲用比较、藜麦谷壳的饲料化开发利用等。

五、加强藜麦国内外协作研究

目前，宁夏已有藜麦种植经验，初步了解和掌握了藜麦的栽培技术。宁夏的气候条件、地理环境较甘肃、青海两省种植藜麦有明显的优势，而且有的市（县）已经进行了藜麦试种，积累了一定的经验，并逐年在扩大藜麦种植规模。藜麦种植在精准扶贫、节水抗旱方面有一定优势，政府应加强藜麦立项研究，强化国内外协作，扶持龙头企业参与，推动藜麦规模化生产，促进藜麦产业在宁夏的发展，为精准扶贫和节水抗旱开辟一条新途径。

第三节　藜麦示范基地建设

一、宁夏藜麦示范基地建设情况

2013年，藜麦产业开发受到全国各省自治区主要领导和部门，美国、德国专家的肯定，其产品深受消费者青睐，市场前景广阔，藜麦产业成为调整产业结构、促进农民增收致富的新型产业。2015年以来，宁夏农林科学院藜麦项目团队又组织专家组建藜麦研发团队，深入到海原、隆德、原州区、彭阳等适宜种植县区，分别在固原头营、张易宋洼、隆德观庄、海原段塬、红寺堡兴盛、盐池惠安堡等乡镇建立核心示范点，以示范点为基地开展藜麦品种筛选，栽培技术等配套研究，在示范点种植采取一对一帮扶，举办藜麦科普知识培训班，为农民培训藜麦科普知识，对藜麦种植中可能出现的问题现场指导，帮助种植户解决。依靠当地政府加强组织管理，利用新闻媒体加大宣传力度，对种植较好的农户树立典型，给予资金支持和物质奖励，以带动藜麦产业健康发展。藜麦是生长在南美洲安第斯山脉海拔2 000~4 000 m 地区的一种藜科双子叶一年生草本植物，具有抗旱、耐盐碱、耐寒、耐瘠薄、抗病、对不良环境适应性强等特点。其籽粒的营养价值与牛肉相当，营养丰富全面，适合各种膳食人群，被称为"太空食品""未来食品"而备受世界各国关注。秸秆又是家畜的优质饲料，叶片是止血、治创伤的药材。联合国粮农组织（FAO）认为藜麦是唯一一种单体植物即可满足人体基本营养需求的食物，列为全球十大健康营养食品之一，是最具有开发潜力的植物。宁夏有耕地1 300多万亩，其中南部山区约800多万亩，土壤瘠薄，海拔1 200~1 800 m，年降水量250~600 mm 左右，处于无灌溉条件的干旱半干旱状态，由于长期干旱缺水，只能种植糜子和谷子、荞麦等小杂粮。经试验这些干旱缺水的地方，温度不高，可以充分挖掘和利用藜麦的抗旱特性，引进种植此植物将给宁夏南部山区人民带来巨大的经济效益和社会效益，对宁夏南部山区扶贫抗旱意义重大。

二、宁夏藜麦示范基地工作机制及创新情况

邀请国内知名藜麦专家到宁夏举办藜麦专题研讨会，可通过专家指点和帮助，提高宁夏种植水平和研发能力。藜麦是藜科植物，与禾本科植物如小麦、玉米、小杂粮等作物在栽培上有很大区别。因此种植藜麦必须加大对农民的科普培训，提高认识藜麦的抗旱性，营养价值和栽培技术难点。

（一）专业技能培训

对南部山区各市县农业技术推广人员，农村专业合作社带头人，种植大户进行藜麦专业技能培训，提高认识管理水平，对种植藜麦贫困户进行一对一帮扶，通过培训指导，定点帮扶，让更多贫困户通过种植藜麦增加收益，尽快脱贫。

（二）改造转型深加工

通过研讨会呼吁有关部门帮助和指导1~2个小杂粮加工企业改造转型进行藜麦产后深加工，由企业带动藜麦产业发展，研发藜麦系列食品，早日进入老百姓餐桌。

（三）引进育种筛选

引进国内外已经深入开展藜麦研究的科研单位和企业育成的品种或品系，在南部山区建立试验示范基点，筛选最佳适宜品种。

（四）开展合作交流

与国内外专家开展合作交流学术活动，采取请进来和走出去的办法，在藜麦生长季节邀请国内知名专家学者来宁指导，帮助解决藜麦生产中不断出现的瓶颈问题。

（五）设立规模化示范点

在海原县各乡镇设立示范点，面积10~20亩，将2018年、2019年通过试验表现好的品种本年集中在海原县各乡镇进行展示示范，带动藜麦规模发展，逐渐形成扶贫产业。2021年，海原县示范区面积达600亩，固原市示范区面积达到1 500亩，其中张易镇宋洼村示范基点达100亩。

三、引才引智成果及先进性

（一）先进成果

示范基地组织专家组成藜麦研发团队，深入到海原、隆德、原州区、彭阳等适宜种植县区，分别在固原头营、张易宋洼、隆德观庄、海原段塬、红寺堡兴盛、盐池惠安堡等乡镇建立核心示范点，以示范点为基地开展藜麦品种筛选，栽培技术等配套研究，在示范点种植采取一对一帮扶，举办藜麦科普知识培训班，为农民培训藜麦科普知识，对藜麦种植中可能出现的问题现场指导帮助种植户解决。依靠当地政府加强组织管理，利用新闻媒体加大宣传力度，对种植较好的农户树立典型，给予资金支持和物质奖励，以带动藜麦产业健康发展。外国人才在项目研发方面发挥作用：自2006年以来，宁夏农科院从玻利维亚引进藜麦品种试种，通过不同环境基点试验示范摸清了藜麦在宁夏干旱缺水的南部山区种植的一些特点如抗旱、抗寒、耐低温、营养价值高、适合于高海拔（海拔1 500 m）以上的六盘山一带冷凉地区种植，是这些地区群众脱贫致富的最佳作物，使宁夏农林科学院成为国内最早接触和认识藜麦的专业研究单位。多年来宁夏农林科学院与外国专家的共同研究实践，积累了研发藜麦的种植经验，了解和掌握了藜麦不同生态类型品种的特征特性和对环境条件的要求，为培育引智示范推广基地奠定了坚实基础。

（二）示范（推广）工作效果

1. 经济效益

藜麦种植可为宁夏南部山区农民每亩收益在1 000元以上。通过深加工企业运作，产品升值，带动就业、带动食品、饲料，保健品、奶制品等企业产品开发。

2. 生态效益

宁夏南部山区干旱缺水、各级政府一直在寻求农民脱贫致富的途径。藜麦种植可充分利用其抗旱、耐旱、耐瘠薄、适应性广等特点，在山坡地、庭院、丘陵、沟壑、荒坡等地种植，对减少水土流失、保护生态环境意义重大。

3. 社会效益

随着种植业结构调整和供给侧粮改饲改革，利用荒坡地种植藜麦会给南部山区的种植模式带来变化。通过项目实施，带动山区形成规模种植和系列产品开发，既可以充分利用山区的光热资源，又改善了生态环境，解决了缺水的根本问题，同时，与美丽乡村建设，观光旅游结合，使优势资源得到了利用，增加了农民收入。

第四节　宁夏藜麦种植技术培训与示范推广

一、引进高层次人才

1. 引进聘用玻利维亚专家1名，引智后需要解决的问题

引进国外专家，开展藜麦引智项目推广示范工作，结合前期在国内已经深

入开展藜麦研究的科研单位和企业育成的品种或品系，通过在宁夏南部山区试种和建基地扩繁，示范推广种植范围。同时，引进国内专家共同指导宁夏藜麦种植、示范推广，开展合作交流学术活动，筛选新品种，在引种实践中摸索解决1~2个藜麦栽培技术瓶颈难题。利用已经积累的种植藜麦成果对农业技术推广人员，农村专业合作社带头人，种植大户进行高质量、高水平培训，提高认识，提升管理水平。结合我国调整供给侧结构性改革等政策，帮助和指导企业改造转型，进行藜麦产后深加工，推动藜麦产业发展，增加农民收入，提高经济效益、社会效益、生态效益及可持续性影响。

2. 举办研讨会和技术培训班

聘请国（境）外专家，邀请国内外知名藜麦专家到宁夏举办藜麦专题研讨会，通过专家指点和帮助，提高宁夏种植水平和研发能力。对南部山区各市县农业技术推广人员，农村专业合作社带头人，种植大户进行藜麦专业技能培训，提高认识和管理水平，对种植藜麦贫困户进行一对一帮扶，通过培训指导，定点帮扶，让更多贫困户通过种植藜麦增加收益，尽快脱贫。

3. 科研成果

通过研讨会呼吁有关部门帮助和指导1~2个小杂粮加工企业改造转型进行藜麦产后深加工，由企业带动藜麦产业发展，研发藜麦系列食品，早日进入老百姓餐桌。引进国内外已经深入开展藜麦研究的科研单位和企业育成的品种或品系，在南部山区建立试验示范基点，筛选最佳适宜品种。预期取得地方标准1项、先进技术的引进1项，发表论文1篇。培训40场次，培训2 000人。

二、种植示范体制创新

①引进外国专家创造直接和间接效益20万元。

②节约科研经费或降低产品成本10万元。

③栽培难度大，瓶颈问题多，需要通过技术创新研发解决。藜麦抗旱、耐旱，适应性强、营养价值高，市场需求大，产业发展前景广阔。在项目前期已有研究的基础上，推广筛选出适合当地种植的优良品种，以点带面扩大种植面

积，待研发品种，栽培技术完全配套熟化后集成相应的技术规程示范体系，逐步形成完善的适合干旱少雨的贫困地区藜麦产业发展模式，形成南部山区扶贫抗旱的新产业。

④推广品种2个，推广面积10 000亩。在引种实践中摸索解决1~2个藜麦栽培技术瓶颈难题。在海原县各乡镇设立藜麦示范点，面积10~20亩，将2018年通过试验表现较好的品种，2019年集中在海原县各乡镇展示示范，带动藜麦规模发展，逐渐形成扶贫产业。

三、示范基地成果培育推广

1. 种质资源创新研发示范

项目实施以种质资源为基础，扩大从国内外引种范围，尤其是直接从玻利维亚国引进种质资源，对适应本地区种植的品种类型加速扩繁或利用温室加代或南繁（农科院海南基地和云南基地）扩繁，对筛选适合本地区种植的藜麦品种申请注册登记，并申请新品种保护，实现藜麦种质资源不断创新。

2. 生产规程配套措施创新

结合已经掌握的藜麦生长发育规律和品种特征特性，建立设施温室或塑料大棚，进行工厂化育苗移栽可节约用种，提高成苗率，形成产业化发展规模，逐步摸索完善产业化发展基地建设与藜麦配套栽培技术体系。

第五节　宁夏藜麦种植产业的几个关键问题

马维亮研究员等经过多年研究，认为宁夏海拔高度对藜麦产量和品质影响较大。根据外省（区）试种藜麦结果，海拔高度是影响藜麦生长的关键因素，海拔越高，气候越冷凉，藜麦产量越高，温度对藜麦生长的生理生态影响机制还不清楚。宁夏南部山区海拔1 500 m 以上，较为冷凉的山坡地适宜藜麦种植。海拔1 000 m 以下地区能否种植藜麦的可能性还需进一步试验。宁夏石嘴山创业园吴夏蕊博士已经在石嘴山市种植了好几年，也积累了盐碱地种植藜麦的经验。

宁夏农林科学院林业与草地生态研究所2019年和2020年连续两年在平罗盐改站引进藜麦新品种进行筛选试验，但均因极端高温天气而未结实或病虫害严重而结实颗粒不饱满、产量极低等突出问题。2021年2月底，宁夏农林科学院林业与草地生态研究所引进山东平原藜麦新品种“山引1号”在吴忠孙家滩国家科技示范园区和银川市良田镇和顺村大棚内试验种植。目前，通过水肥一体化设备装置、温棚温控系统等设施栽培，整个生长期长势较好，但温室出苗长势、性状表现与高海拔冷凉区露地筛选出的藜麦品种有差距，出苗率具有不可比拟性。所以，藜麦在平原地区引种试种初期还需考虑极端天气、无公害栽培、播种保苗等系列问题，尤其是高温天气对藜麦的伤害。

一、藜麦种子特点

藜麦在南美洲有大约3000多个品种（包括野生），但是常用的食用品种只有几十种。这些藜麦品种大部分都种植于海拔2000 m以上地区，近些年有新品种适应较低海拔和较湿润气候，但是种植面积不大，营养及口感等也不如高海拔类型品种。藜麦种子的外皮颜色有所不同，将种皮去掉后，胚乳胚芽等是浅色的，由于种皮颜色不同，黑色和红色藜麦虽然外观喜庆，但是口感并不好。南美洲出口藜麦的前三位品种都是白色系，占全部出口量的75%。藜麦穗成熟后的颜色非常漂亮，红色、黄色、紫色等五彩绚烂，这些颜色是种子外壳的颜色，种子的颜色和植株颜色一致，种子脱壳后会呈现出多种颜色。

（一）按生长环境划分

主要为：干谷、湿谷、高原、盐滩、亚热带区等。

（二）按籽粒颜色划分

主要为：白色、黑色、红色。

（三）按口感划分

主要为：甜、半甜、苦。

（四）从口感来选择

白色系的藜麦口感较好，红色和黑色系藜麦口感差一些。

二、藜麦品种类型与划分

在选择品种上要针对市场需求，结合当地生态环境和生产条件，选择已试种过的优质品种。在肥水条件好、生产水平高的地区，应选用抗倒、增产潜力大的高产品种；在旱薄地区，应选用耐旱、耐瘠薄能力强、稳产性好的品种。良种质量标准为纯度≥99%、净度≥98%、发芽率≥85%、水分≤13%。花期应尽量避开当地的高温多雨期，亦可选择种植青贮饲用品种，避免高温多雨导致产量下降甚至绝收。根据宁夏种植藜麦的实践可以将藜麦划分为早熟高原型、早熟平原型和晚熟高原型、晚熟平原型。

（一）早熟高原型藜麦品种

适合宁夏南部山区干旱半干旱坡地种植，生育期120~130 d，株高在150 cm左右，分枝少，直立，可以根据种植地点和地力条件来确定，也可以根据土壤墒情确定，等雨迟播只能选用这类品种。参考种植的藜麦品种有藜麦3号，藜麦6号等。

（二）早熟平原型藜麦品种

有灌溉条件或较丰富降水的地方适合种植的品种，生育期120~130 d，植株高大，多分枝，叶浅绿色，麦粒色白且味甜。只要稍做补水，植株高达250 cm。有补水的地方均可种植。参考种植的藜麦品种有藜麦64号、藜麦66号等。

（三）晚熟高原型藜麦品种

可在不同条件下生长，降水较少但温度适宜的气候条件，属于适应海拔2000 m以上的南部山区，生育期150 d左右，株高210~260 cm，有着彩色的麦穗，能够抵御低温，主茎和分枝成熟不一致。参考种植的藜麦品种有藜麦50号，藜麦52号等。

（四）晚熟平原型藜麦品种

长势旺，生育期150 d左右，株高210~260 cm，抗高温，主茎和分枝成熟不一致。可做青储饲料用途。参考种植的藜麦品种有藜麦76号、藜麦85号等（注：藜麦编号为宁夏统一引种编号）。

三、藜麦与高温

藜麦在高海拔地区种植对温度更为敏感，不同品种对温度的适应性有差异，但总的来说藜麦怕高温，多少为高？文献都把32℃作为一个界限，超过32℃对藜麦的产量和品质都有较大影响，究竟高温多少度是个极限，目前各地都尚在研究中，但可以肯定地说，藜麦的最适宜生长温度在15~25℃范围。高温不仅仅能导致花粉败育还可以导致已授粉的胚胎发育不正常或停止发育，而且高温会导致藜麦品质下降，减产甚至绝产都很正常。这也是不建议在高温区种植藜麦的主要原因。如：2019年、2020年、2021年宁夏连续3年高温干旱，在地势较低的平原地区无引黄灌溉、无自然降水的情况下，藜麦均因高温颗粒无收；而在地势较高的南部山区无灌溉、自然降水低的情况下，藜麦却依然能够有较好的收成。

四、藜麦与除草剂

国外已经在研究藜麦专用除草剂，并发表了研究结果，结论是还没有找到适合藜麦的专用除草剂。对于藜麦种植者而言，人工锄草是最麻烦，最费钱的一件事，这也是目前国内外藜麦种植的最大障碍，宁夏当然也不例外。国外一部分人想种藜麦，但怕杂草危害，如果一年不用除草剂，当年长出的草结的草籽会给他们下一年种地带来很多麻烦。因此，藜麦专用除草剂的研究已引起世界各国的重视。2019年在海源种植的藜麦，因人工费用太高，无法及时批量找到临工，导致试验区藜麦收成急剧下降。

第四章　藜麦资源的分布

第一节　世界藜麦资源分布

一、世界藜麦资源分类概括

藜科植物有不同的分类方法，有的专家基于种皮、果皮特点研究了加拿大地区藜麦的分类界定、命名及分类群分布。有的专家用命名的发音特征了解狭叶藜物种之间的联系。还有的专家则以花粉粒结构、细胞学和种子特征作为研究藜麦分类群的参数。这种分类方法一直被广泛应用，直到20世纪90年代末，Mosyakin 和 Clemants（1996）设计了一种基于形态学的新分类系统，并在2002年和2008年进行了修订。在修订的系统中，最初基于两种视角进行藜麦和独立生存种群分类，驯化种群按照常用的、易观察的田间农艺性状（花序类型和颜色等）特征进行分类，独立生存种群按照腊叶标本已建立的种的翅果特征进行界定（Wilson，1990）。这样分类虽然定义明确，但下游类群混乱的情况。驯化种和安第斯野生收集种的等位酶分析研究表明，野生种和栽培种都具有较低的等位酶多样性，同一区域的驯化种群和自由生长种群等位酶多样性差别不大（Wilson，1988 a ，1988 b ）。另外，安第斯自由生长种群与驯化种群的果实形状和体积变异范围很大。对比分析187个藜属分类群的等位酶和叶片数据，将南美洲东部的自由生长种群分为不同的类群（Wilson，1990）。安第斯山脉自由生长种群相比驯化种与安第斯藜麦有更密切的联系，藜麦生产与应用已被

藜麦种子收集

认知的本地品种是智利海岸低海拔地区藜麦混合种植中的变异种。研究结果表明，南美洲的驯化涉及3个主要群体。种子蛋白质电泳是阐明栽培植物和野生植物起源和演化的重要工具。Drzewiecki 等（2003）用十二烷基硫酸钠（SDS）种子蛋白质标志物调查了不同科中被子植物的11个种和栽培种的基因多样性及其相互关系。比较藜麦和苋属植物的蛋白质条带得出结论：它们是植物系统发育遥远的类群，否定了它们密切相关的观点。因此，种子蛋白质数据与分类学地位、杂交关系及生物化学特征一致。分子标记技术在调查作物物种起源和驯化中意义重大，能提供证明进化关系上的证据（系统树），可识别相同地理区域掺杂多种遗传来源的种群。研究表明，DNA 标记是评价藜科植物野生种和栽培种种内及种间变异的有效工具。现在已有多种标记技术可有效应用于植物基因型分类研究中，这些现代技术与传统技术成功地阐明了藜科植物错综复杂的分类学和系统发育学的关系。除藜麦以外，一些驯化的藜麦近缘属也以蔬菜或籽用作物的形式发展成为高产的栽培品种。

二、世界藜麦分布的特性

（一）藜麦生态资源分布的地域性

藜麦适应性广，从北纬2° 至南纬40° ，从海拔4 000 m 至海平面，从年降水量50~2 000 mm 的区域几乎都可以种植。因此，藜麦生态分布地域性就很广。藜麦生长可适应温度范围至零下38℃，可适应土壤酸碱度范围 pH6.0 ~ 8.5，可适应土壤盐度达40 mS/cm。由此产生了5种藜麦生态类型：（1）安第斯峡谷类型（哥伦比亚、厄瓜多尔、秘鲁）；（2）高地类型（秘鲁和玻利维亚）；（3）高温湿润气候类型（玻利维亚的亚热带森林）；（4）盐地类型（玻利维亚、智利北部、阿根廷),(5)海岸类型(智利中部和南部)。

随着藜麦营养保健价值的开发及因广泛的生态适应性，其种植在世界各地快速发展。中国的藜麦栽培起步相对较晚，2010年左右在山西、甘肃等地开始有规模化种植，近年来福建厦门和台湾等地也在尝试栽培。藜麦营养全面，保健功能显著而独特，生态适应性广泛，有尊贵而不娇贵的个性。然而，藜麦栽培和消费长期边缘化导致生产严重不足，而其营养价值和广泛的生态适应性导致其需求快速升级，这种不平衡促使藜麦的市场价格急速上涨，反而严重抑制了藜麦在低收入群体中的消费，与广泛推广藜麦解决世界粮食危机的初衷相背离。从研究现状可窥见一斑，藜麦营养分析检测及藜麦对人类健康问题影响方面的研究占了80%~90%，而对藜麦产量提高及在广泛适应性基础上保持产量不下降的研究甚少，因为这方面的研究周期长，成果转化慢。

（二）藜麦生态分布的立体性

位于南美洲西部的秘鲁是世界藜麦的主产区，其地形起伏复杂，土壤类型及其水分含量表现各异，藜麦均能适应这里的地理环境，具有丰富的生态立体性，不同地形选择不同的藜麦品种来种植，实施农业社区管理制度，多样化栽培可在该地区获得更高产量，提高收获安全性。藜麦在20世纪60年代由原中国农业科学院作物育种栽培研究所引进，但并未开展相关研究。1988年至20世纪90年代初，原西藏农牧学院从玻利维亚引进3份藜麦材料并开展引种观察试验。真正开始商品化种植应在2010年前后，以山西吕梁山区的静乐县为代表，2013年该县的藜麦种植面积达1万亩，之后在吉林、青海、甘肃以及河北等地也大面积尝试种植，2015年总种植面积约20万亩。2020年全国种植面积达40万亩。这些地区气候、生态、海拔与原产地相似，引进的品种基本属于高地生态类型。国内其他气候类型的地区引种藜麦可选择其他生态类型品种。福建省亚热带植物研究所地处亚热带气候类型的厦门，该研究所引种的藜麦属于高温湿润气候类型、盐地类型和海岸类型品种，能更好地适应当地物候。目前，这些地区的藜麦生产存在一些问题，比如品种成熟期不一致给藜麦的机械化收获带来较大困难，因此适合机械化采收的品种选育将是未来藜麦研发的一个重要目标。此外，产量也是限制藜麦推广的一个较大因素，目前国内的引种主要来源于较大产区的自收种子，在我国有必要把提高藜麦的产量和选育成熟期一致的藜麦品种作为未来的工作目标。

（三）藜麦遗传特性的多样性

王倩朝、刘永江等研究藜麦籽粒氨基酸组分遗传特性分析与评价，以筛选出的89个藜麦高代品系籽粒为材料进行酸水解处理并以氨基酸自动分析仪测定其氨基酸组分及其含量。结果表明，17种氨基酸平均变异系数为22.97%，表明在不同藜麦品系之间存在较大的遗传特性差异，其中 Glu 的变异系数为14.44%，相对变幅较小，而 Gly、Cys、Tyr、Phe、His、Pro6种氨基酸的变异系数均高于20%，尤其是 Met 的变异系数高达77.10%，遗传变异最大；相关分析表明绝大部分氨基酸组分间存在极显著正相关关系，主成分分析显示5个主成分对变异的累计贡献率高达92.55%，聚类分析将89个藜麦品系分为5类，其遗传特性与来源和颜色没有必然联系；经分析筛选出滇藜 −59、滇藜 −71、滇藜 −72、滇藜 −73、滇藜 −78和滇藜 −92，6个具有较高的综合利用价值的高代品系。

藜麦高营养价值的形成及非生物逆境的抗性机制研究一直是被关注的热点领域。Maughan 等首次利用同源克隆的方法获得了藜麦与拟南芥抗盐相关的转运体（At SOS1）同源基因 Cq SOS 1A 和 Cq SOS 1B，分析了在不同盐胁迫下的表达变化。2017年藜麦基因组测序的完成，为藜麦具有较高的非生物抗性和高营养机制的阐明提供了基础。ABA 的合成及信号转导是植物非生物抗逆性的核心环节。不同研究组对不同来源的种质进行基因组测序与重测序后，开展 ABA 合成与调控基因的预测与表达分析，确定藜麦 ABA 合成与信号转导相关基因的拷贝数比普通植物（如甜菜、菠菜和拟南芥等）高，预示在进化过程中积累高拷贝 ABA 相关基因是藜麦获得较高非生物抗逆性的可能机制。Zou 等对正常和盐胁迫下藜麦表皮泌盐囊细胞（epidermal bladder cells，EBC）的 RNA 进行测序分析，确定液泡膜及质膜上阴离子转运家族基因（如 SLAH、

NRT 等)、阳离子转运家族基因（如 NHX1、HKT1等）及囊泡、质膜上的 H^{+-}ATPases 均在盐胁迫下高效表达，这些膜定位的离子转运相关基因的盐胁迫诱导表达，将盐离子转运到液泡中，富集浓度可达1 mol/L，继而分泌到体外，实现对高盐浓度环境的抗性。开展抗逆转基因子家族基因及表达分析也是解析物种抗逆性机制的有效手段之一，基于藜麦全基因组序列，2019年 Yue 等分析了藜麦中92个 CqWRKY 家族基因及其表达，确定其中25个基因与器官的发育和渗透胁迫相关。Li 等也预测了藜麦中的90个 Cq NAC 家族基因，其中11个属于组织专一性表达，其表达受盐胁迫的诱导。这些研究均从不同侧面阐述了藜麦的抗盐、抗旱机制。

（四）藜麦资源的典型性

在美洲，藜麦现存的起源于美洲野生近缘二倍体均属于 A 基因组物种，尚无现存起源于美洲 B 基因组二倍体物种的报道，预示着四倍体的藜麦及其野生近缘种可能起源于现存的 A 基因组的二倍体的祖先与起源于美洲但已灭绝的二倍体 B 基因组的物种，或是二倍体 A 基因组祖先物种与旧大陆传入的近缘二倍体野生（如 C.seciucum 和 C.ficifolium）祖先种间融合而形成。Maughan 等通过对叶绿体和线粒体基因组的测序，确定属 A 基因组的 C.pallidicaule 与四倍体藜麦和 C.berlandieri 间叶绿体基因组序列相似性更高，预示在藜麦的融合与形成过程中，A 基因组的祖先物种可能作为母本。藜麦及其近缘四倍体和 A 基因组二倍体物种集中分布于安第斯山区，预示安第斯山区可能是藜麦的起源中心，然而对藜麦的起源及起源中心的确证还需要更多的种群形态观测及分子生物学研究。分子标记分析表明，南美野生 C.hircinum Schard、C.quinoa var.Melanospermum 和北美的 C.berlandieri 及 C.berlandieri var. zschackei 等四倍体种与藜麦最为近缘，为此也有学者提出，藜麦首先通过北美洲的 C.neomexicanum 和 C.incanum 祖先二倍体 A 基因组物种与旧大陆的 C.suecicum 祖先二倍体 B 基因组种间的融合产生 C.berlandieri var. zschackei。藜麦是通过人类活动或候鸟迁徙将 C.berlandieri var.zschackei 传入南美最终驯化形成。可见藜麦的形成是由特殊的二倍体祖先 A、B 基因组间的融合产生，同时也导致遗传多样性的降低，为此在育种中筛选和利用现存藜麦的近缘二倍体基因组中保留的遗传多样性进行育种利用将是恢复藜麦品种遗传多样性降低的有效手段。

（五）藜麦优良资源的丰富性

作物的遗传多样性是衡量群体内个体差异的指标，同时也是种质创新的基础，藜麦育种上的重要突破离不开优异种质资源的发现和利用，因此关于藜麦氨基酸组分遗传特性的研究对藜麦种质资源筛选以及遗传特性改良具有重要的意义。变异系数是遗传变异潜力大小的标志，表示群体中直接选择的范围。孙铭等研究表明，一般变异系数大于10% 表示样本间差异较大。说明供试品系表现出多样的遗传特性，可根据聚类分析所划分的类群结合其颜色和来源地选择一些目标品系来构建藜麦种质资源库。

由于藜麦引入我国的时间短，对杂交方法、育种方法的研究仍处于探索阶段，尚未在国家层面开展藜麦新品种的审（鉴）定，仅是不同的省份根据省情开展了田间鉴定或田间鉴评工作。目前利用系统育种及栽培驯化相结合的方法，通过优良单株筛选，甘肃省农业科学研究院选育出首个藜麦新品种“陇藜1号”。继而青海、吉林、内蒙古、北京、河北等较早开展选育工作的省（市）也已初步选育出适合本省（市）生态环境，包括用于籽粒生产的“青藜1号”“尼鲁”“蒙藜1号”和作为饲用的“中藜1号”“冀藜1号”“贡扎”系列等共17个藜麦新品（系）种。根据不同的生产需要，不同生境种植适应的品种需求，仍迫切需要加强我国藜麦种质创新与优质品种的筛选与培育工作。异源多倍体的起源及人类的驯化选择均导致藜麦遗传多样性的降低，造成育种瓶颈。在藜麦基因组的自然融合中，只有特殊的二倍体才能融合，导致未融合物种的基因多样性丢失。收集二倍体栽培种 C.Pallidicaule 和野生近缘 C.suecicum 和 C.dessicatum 等种质，进行加倍或与驯化的藜麦种质开展杂交育种。同时，通过组学和分子生物学手段克隆重要性状控制基因或 QTL，阐明其分子调控网络，用转基因及基因组辅助选择（genome assisted selec−tion，GAS）等方法用于品质改良和抗性提高，在藜麦中重获丢失的野生二倍体遗传多样性。另外，在藜麦驯化中常追求高产、高品质和成熟一致等目标，这会导致其抗逆性等遗传多样性的降低或丢失，因而，起源中心四倍体栽培种及野生近缘种的引种与资源筛选，进行分子和常规育种相结合的方法来恢复抗逆相关的遗传多样性，是实现藜麦抗性改良的有效手段。

第二节　我国藜麦资源的分布

一、我国藜麦的资源状况

我国于1987年首次由西藏农牧学院和西藏农牧科学院引种试验成功，并连续多年在西藏各地进行小面积试验示范栽培，2008年藜麦才在山西静乐县开始规模化种植，近年来在陕西、甘肃、青海、新疆、宁夏、内蒙古、吉林、黑龙江、辽宁、河北、河南、山东、安徽、江苏、四川、贵州及云南等省区形成产业化迅速发展。据不完全统计，2014年全国种植面积仅5万亩，而2018年种植面积就发展到15万亩，2019年进一步扩大，全国的藜麦种植面积估计超过30万亩，总产量可能达到2万 ~3万吨。我国藜麦的种植规模和需求仍有进一步发展扩大的趋势，预计2025年藜麦需求量将达到10万吨。

2021年8月青海藜麦

2021年8月宁夏藜麦

目前甘肃省藜麦种植面积为10万亩，是我国最大种植面积的省份，其他较大种植面积的省（区）包括内蒙古6万亩、山西5万亩、青海3万亩、河北3万亩和云南4万亩等。经过多年的发展，我国逐步形成5个具有代表性的藜麦种植区，包括：（1）与南美原产地相似的西藏、青海及云南迪庆州等高海拔生态区；（2）新疆、甘肃和山西等干旱少雨区；（3）山东半岛、辽东盐碱区；（4）东北及内蒙冷凉区；（5）西南立体气候区。我国生产的藜麦主要品种中，根据籽粒的颜色主要分为红色、黑色、白色及黄色籽粒4大类型，总体而言这些品种混杂、品质优劣不均，严重制约了我国藜麦产业的持续发展。因而，引进优质种质资源，筛选与培育上述5个特征生态区域的藜麦品种是藜麦引种与育种研究的主要方向。

2021年8月青海藜麦

二、我国藜麦资源分布与育种状况

（一）我国藜麦资源现状

近年来，东北师范大学藜麦研究团队从智利引进不同光周期特征以及温度耐受、籽粒颜色和抗性等特征的100余份种质。该研究组从2015年开始就持续从南美洲的玻利维亚等原产国引进不同籽粒颜色、不同生育期（早熟、晚熟）、不同皂苷含量、花序形态、抗逆性的四倍体藜麦栽培种89份，不同颜色和适应性二倍体苍白茎藜栽培种（C.pallidicaule）8份及藜麦二倍体野生近缘种灰藜（C. album）种质1份。引种单位均对其获取的种质资源进行了适应性、遗传多性评价与分析，并开展了相关配套生产技术、品质分析和单株品种筛选以及杂交尝试及种质创新等基础和应用性的研究。值得一提的是，我国有较大面积的干旱半干旱土地和盐碱化耕地，在该类地区发展藜麦产业对保障粮食生产具有重要作用。为此，引进南美不同国家、不同生态区不同类型的多样性藜麦种质资源，针对性地进行不同生态区域，特别是盐碱及干旱等恶劣环境生产区进行栽培与育种，是今后我国引种的一个最重要的方向。

（二）我国藜麦分布现状

目前，我国山西已经成为除原产地和美国以外种植面积最大的地区，栽种面积主要集中在静乐县，2013年静乐县被中国食品工业协会命名为“中国藜麦之乡”。2013年在河北张家口引种4份藜麦材料测定最高亩产量可达230 kg，按小区产量折算得到的公顷产量远高于藜麦原产地的产量值，这说明河北地区比藜麦原产地印第安地区的生态条件更为温和，有利于藜麦产量提升。2014年在青海格尔木地区引种 GZ-3和 GZ-5，测定最高亩产量可达369 kg，说明两个品种适合格尔木地区种植，并能取得高产。2019年在北京市试种15份藜麦资源，测定最高亩产量可达137 kg，试验结果说明藜麦种质的表型受地域和环境的影响较大，表现为高度多样性。本文通过查阅文献归纳总结了我国各省份藜麦引种数量、产量、生育期详见表4-1，供开展藜麦育种研究参考。

藜麦种子处理

表 4-1　我国各省份藜麦引种情况

省份	引种份数	生育期 /d	株高 /cm	最高产量 /kg · hm^2
甘肃	21	125~150	153.2~229.5	1252.1~5175.0
山西	30	90~160	130.3~210.2	750.2~4500.2
河北	15	89~149	91.6~291.6	1095.0~2390.3
青海	15	146~158	176.2~187.5	3616.5~5577.0

续表

省份	引种份数	生育期/d	株高/cm	最高产量/kg・hm^2
吉林	15	95~150	112.3~159.1	108.3~1837.3
河南	4	103~118	119.2~180.5	2887.4~3637.3
内蒙古	5	121~140	136.1~202.4	1340.2~2150.5

（三）我国藜麦育种现状

为了满足人们对藜麦消费需求量的增长，我国不断从南美原产国引进藜麦种质资源与关键技术在国内进行规模种植。除前述提及的西藏农牧学院最早进行藜麦的引种与示范种植外，宁夏农科院马维亮研究员也是较早从玻利维亚引进藜麦品种试种观察，中国农业科学院任贵兴团队也较早地从秘鲁、智利和玻利维亚等国引进200余份不同。

1. 常规育种

异源多倍体的起源及人类的驯化选择均导致藜麦遗传多样性的降低，造成育种瓶颈。在藜麦基因组的自然融合中，只有特殊的二倍体才能融合，导致未融合物种的基因多样性丢失。收集二倍体栽培种 C.Pallidicaule 和野生近缘 C.suecicum 和 C.dessicatum 等种质，逆行加倍或与驯化的藜麦种质开展杂交育种。同时，通过组学和分子生物学手段克隆重要性状控制基因或 QTL，阐明其分子调控网络，用转基因及基因组辅助选择（genome assisted selec-tion，GAS）等方法用于品质改良和抗性提高，在藜麦中重获丢失的野生二倍体遗传多样性。在藜麦驯化中常追求高产、高品质和成熟一致等目标，这会导致其抗逆性等遗传多样性的降低或丢失。因而，起源中心四倍体栽培种及野生近缘种的引种与资源筛选，进行分子和常规育种相结合的方法来恢复抗逆相关的遗传多样性，是实现藜麦抗性改良的有效手段。

藜麦具有限生长的圆锥花序，是典型的两性花和雌花共生的作物，且顶端两性花出现后分枝发育终止。藜麦以自交为主，风媒兼性异交为辅的模式进行繁殖，其花及花序具向日性，从而有效改善花内或花序温度，有利于对低温及高原环境的应对。这些花的特征导致去雄难，不利于杂交育种。目前虽有杂交成功的报道，但总体满足不了藜麦产业发展对新品种的需求。由于藜麦在1~20m的种植范围存在0.5%~17.36%不等的异花授粉现象，因此可以尝试利用天然的异交方式进行杂交选育。具体方法是两个或多个待杂交的藜麦亲本进行以小区为单位的种植，随机选取相邻亲本一定数量和比例的单株后代，均匀混合后以一定数量的后代混合再种植，根据双亲表型和标记，进行杂交后代的筛选与确定。该方法的局限性是杂交后代与亲本必需存在明显的可筛选的表型差异，或双亲都需要筛选出专一的亲本标记用于杂交后代MAS（molecularmarker assisted selection）筛选。获取藜麦雄性不育系是解决常规杂交困难的有效手段。虽然有关藜麦细胞核和细胞质雄性不育的现象均有报道，但筛选获得雄性不育系较难，且获得后常采取专利保护。为此，获取藜麦雄性不育种质并用于杂交育种的可行方案包括：（1）与原产地合作筛选后引进；（2）通过物理（如中子辐射）和化学诱变（如EMS）筛选获得；（3）用分子生物学手段敲除仅影响花粉发育如绒毡层形成的相关基因，创建人工雄性不育系等，也可以满足育种的要求。由于藜麦引入我国的时间短，对杂交方法、育种方法的研究仍处于探索阶段，尚未在国家层面开展藜麦新品种的审（鉴）定，仅是不同的省份根据省情开展了田间鉴定或田间鉴评工作。目前利用系统育种及栽培驯化相结合的方法，通过优良单株筛选，甘肃省农业科学研究院选育出首个藜麦新品种“陇藜1号”。继而山西、青海、吉林、内蒙古、北京、河北等地较早开展选育工作的省（市）也已初步选育出适合本省（市）生态环境，包括用于籽粒生产的“稼棋系列”“青藜1号”“尼鲁”“蒙藜1号”和作为饲用的“中藜1号”“冀藜1号”“贡扎”系列等共17个藜麦新品（系）种。根据不同的生产需要，不同生态环境种植适应的品种需求，仍迫切需要加强我国藜麦种质创新与优质品种的筛选与培育工作。

2. 分子育种

藜麦为异源四倍体，比普通作物的基因组复杂，因此绘制其基因组图谱有利于基因组测序及组装成高质量的参考基因组。如 Maughan 等通过构建不同的作图群体，绘制了遗传与物理图谱。目前，不同的研究组已先后发布了两个较好版本的参考基因组：Cq-real-v1.0和 ASM168347v1及其具有共同祖先的二倍体的参考基因序列（ASM-168700v1，和 ASM168702v1。已公布的藜麦参考基因组注释了44776个基因。基于这些参考基因组序列，可通过不同来源个体或群体的基因组重测序和功能组学分析，开发大量标记用于重要农艺控制基因或 QTL 的定位与功能分析。因而，在藜麦育种中引入丰富的栽培种与野生近缘种资源，进行种内（间）杂交，构建遗传群体，进行种群分布和亲缘关系鉴定，并结合功能基因组学方法和手段，研发大量与重要农艺性状相关的基因或 QTL 紧密连锁的分子标记。此外，转基因育种具有能克服不相容障碍及避免杂交导致无益供体染色体片段的渗入等优势，是分子育种的主要趋势。遗憾的是，至今尚无藜麦的遗传转化体系成功建立的报道，限制了通过转基因手段进行重要性状基因或 QTL 功能的确定及育种应用的研究。因而，加强藜麦再生体系的研发，借鉴麦类作物进行幼胚转化体系的方法或直接用农杆菌浸花等手段尝试遗传转化，对未来藜麦分子育种尤为重要。

三、我国藜麦引种存在的问题与对策

（一）存在的问题

我国对藜麦种质资源的引进和新品种选育工作的研究起步较晚，引种地多集中于智利、玻利维亚、秘鲁、沙特以及加拿大等国家，引进的优良品种资源数量少，通过适应性种植及选育后形成自主品种比较稀缺，国内审定品种少之又少，品种纯度低。通过文献记载及实地考察发现，国内藜麦引种主要存在三个问题：一是种质资源匮乏，二是种质创新不足，三是研究周期长成果转化慢。

1. 种质资源匮乏

没有自主品种，都以引种编号形式存在，品种间特性模糊，分离、退化现象严重，迫切需要从世界各国收集大量的优质种质资源，进行适应性种植及鉴定评价，筛选出适合于我国各地区的主导品种。

2. 种质创新不足

我国藜麦种质资源自1987年国外引进，西藏农牧科学院于20世纪80年代后期引种藜麦，再次追溯研究历程，直至2014年国内学者才开始重视并开展研究，无论在研究深度上还是利用程度上都处于起步阶段。

3. 研究周期长成果转化慢

随着藜麦营养保健价值的开发及因广泛的生态适应性，其种植在世界各地快速发展。中国的藜麦栽培起步相对较晚，2010年左右在山西、甘肃等地开始规模化种植，近年来福建厦门和台湾等地也在尝试栽培。藜麦营养全面，保健功能显著独特，生态适应性广泛，有尊贵而不娇贵的个性。然而，藜麦栽培和消费长期边缘化导致生产严重不足，而其营养价值和广泛的生态适应性导致其需求快速升级，这种不平衡促使藜麦的市场价格急速上涨，反而严重抑制了藜麦在低收入群体中的消费，与广泛推广藜麦解决世界粮食危机的初衷相背离。从研究现状可窥见一斑，藜麦营养分析检测及藜麦对人类健康问题影响方面的研究占了80%～90%，而对藜麦产量提高及在广泛适应性基础上保持产量不下降的研究甚少，因为这方面的研究周期长成果转化慢。

（二）主要对策

1. 加强科研和产业投入

通过网络信息查询，国内藜麦登记品种主要有两个：2015年甘肃农业科学院率先选育出来新品种为陇藜1号，同年4月通过甘肃省农作物品种审定委员会审定；学院和内蒙古益稷生物科技有限公司利用南美洲引入的BC−16、B2−08和A−21自然异交选育出蒙藜1号，通过包头市非主要农作物品种登记。在中国种子协会官网中未检索到藜麦审定或登记品种，仅种子进口查询到7个品种引自加拿大。国家应加强对藜麦科研和产业的投入，深入开展藜麦新品种繁育及新型种质资源创制研究。

2. 藜麦种子在20世纪60年代由原中国农业科学院作物育种栽培研究所引进，但并未开展相关研究

1988年至90年代初，原西藏农牧学院从玻利维亚引进3份藜麦材料并开展引种观察试验。真正开始商品化种植应在2010年前后，以山西吕梁山区的静乐县为代表，2013年该县的藜麦种植面积达667 hm^2，之后在吉林、青海、甘肃、宁夏以及河北等地也大面积尝试种植，2015年总种植面积约3 333 hm^2。

第五章　宁夏藜麦资源的分布

第一节　宁夏藜麦资源调查

我国上世纪80年代开始引种藜麦，主要种植在土壤贫瘠或盐碱化以及高海拔和冷凉地区。由于我国藜麦种植区域差异较大，新品种选育缓慢且品质优劣不均，引进优质国外资源，筛选和培育不同生态环境适宜品系是藜麦引种和育种的关键所在。2006年3月底，经国家外专局引荐，玻利维亚国家农业部食品卫生服务局负责人、藜麦生产出口项目总负责人费尔南多先生亲自携带4个藜麦品种（玻利维亚国内当时共有15个推广品种）到中国寻求合作，并亲自到宁夏农林科学院农作物研究所进行现场种植指导，分起垄覆膜和不覆膜2种方式种植，2006年底收获，2007—2008年继续在宁夏农林科学院进行引种试验，引进的4个品种进行了3年试验，是国内较早接触和研究藜麦的科研单位。先后进行了覆膜与不覆膜、起垄与不起垄、沟种或垄种，不同株行距，密度、小苗带土移栽以及灌水、施肥，单株分类复壮提纯等多种摸索性试验。当时在完全不了解藜麦特性的情况下，按照小杂粮的种植模式进行。但宁夏种植藜麦主要是还没有筛选出适宜的品种，对引进品种一边鉴定性状，单株提纯的同时，一边请区内外科研院所协助做了植物学、细胞学及营养品质等鉴定。由于品种适应性差、栽培技术难度大等诸多问题，试验没有再进行深入研究。本试验研究以审定品种“陇藜4号”为参考，通过对引种的6个藜麦品种在宁夏回族自治区海原县进行生育期、农艺性状和产量性状的综合评价，筛选最适宜品种，为大面积示范种植提供理论依据，对宁夏藜麦资源调查具有重要意义。

一、材料与方法

（一）试验概况

试验地设在海原县海城镇武塬村，位于海原县中部，海拔1 874 m，经度105° 35′ 13.62″ E，纬度36° 36′ 44.69″ N，年平均气温6.7℃，无霜期140 d，土质疏松，肥力中上，前茬为歇地。年降水300 mm，主要分布在7—9月份；≥10℃有效积温3 200℃。试验地为黑垆土，质地沙壤，土质疏松，土壤肥力均匀。

（二）供试材料

如表5－1所示，参试品种7个：CA1−1、CA2−1、CA3−1、CA4−1、CA5−1、CA6−1、陇藜4号（CK）。

表 5-1　藜麦供试品系

品系	来源
CA1-1	中国科学院 西北生态环境资源研究院（品系）
CA2-1	
CA3-1	
CA4-1	
CA5-1	
CA6-1	
陇藜 4 号	甘肃省农业科学院畜草与绿色农业研究所（品系）

注：本研究引种的供试材料名称均以代号或品系表示，下同。

（三）田间设计

试验小区面积为1.5 m × 1.5 m=2.25 m^2，采取黑膜全膜覆盖，每小区5行，行距0.30 cm，株距0.30 cm，重复4次，随机排列，排距70 cm，区距50 cm，四周设保护行，宽200 cm。

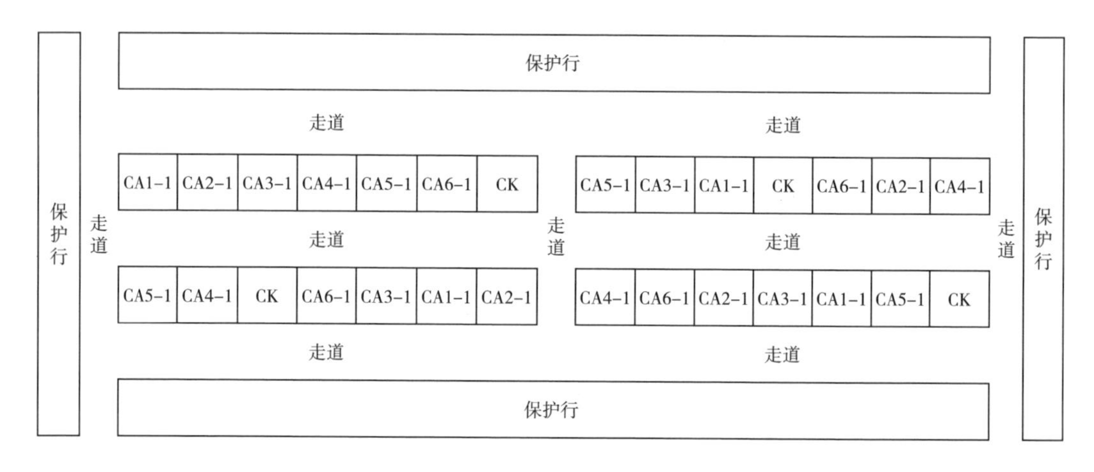

试验小区示意图

（四）栽培管理

1. 农事操作

2019年4月19日采用大型播种机一次性施肥，亩施磷酸二铵12.5 kg，尿素5 kg，复合肥12.5 kg，前茬马铃薯。再进行机械先犁后旋整地。5月17日普降中雨后，待土壤水分彻底渗透，水分分布均匀后，在19日利用人工覆膜机进行黑色半膜平铺覆盖，用幅宽120 cm、厚0.012 mm 的黑色地膜全膜覆盖，膜上覆土1 cm。

2. 播种日期

5月31日，采用点播器人工点播种植，行距30 cm，株距30 cm，每垄3行，每穴5~6粒，每小区播种25穴。

3. 田间管理

（1）间苗。

间苗2次，第一次待苗高2~3 cm 后间苗，每穴留苗2~3株，用湿土封口；第二次待苗高4~5 cm 间苗，每穴留苗1株，并用湿土封口定苗，每小区保苗25株。

（2）虫害防治。

为了确保藜麦全苗，在播种后出苗前3 d（藜麦尚未出苗前），用60% 氯氰菊酯2 000~3 000倍液喷雾防治危害藜麦幼苗出土时的甲虫等害虫；出苗后

2d，用32%甲维·毒死蜱2000~2500倍液喷雾防治甲虫和椿象；出苗后再重新喷施防治一次；在藜麦开花期用21%氰戊·马拉松+30%钻心·卷螟杀兑水2000~2500倍液喷雾防治椿象类等害虫。

（3）草害防治。

藜麦对除草剂的反映特别灵敏，为了确保藜麦健壮生长，在苗期结合间苗进行人工除草两回，杜绝使用任何除草剂防除杂草。

4. 适时收获。

根据藜麦生长成熟情况，结合气候特点和生育状况，适时收获。

（五）数据分析

数据采用Microsoft Excel 2010进行数据整理，以平均值表示测定结果。采用方差分析和F测验确认品系间的差异性，通过t测验（LSD法）和新复极差测验（LSR法）分析各品系小区平均产量的差异显著性。

二、试验结果

（一）播前土壤肥力

试验样地的土壤肥力为：有机质含量为8.36 g/kg，全氮含量为0.62 g/kg，速效氮含量为20.8 g/kg，速效磷含量为12.7 g/kg，速效钾含量为155.1 g/kg，土壤容重为1.27 g/cm^3。

（二）试验地年降水量

海原县2019年1月至9月上旬降水量为494.9 mm，各月降水分布不均匀，主要集中在6、7、8、9四个月，不影响藜麦开花、灌浆。由于6~8月份降水量大，连阴天气多，9月份日照时数较少，光合作用偏低，对籽粒灌浆有一定的影响，使空粒、秕粒增多，产量减少。

（三）田间生长情况比较

由表5−2所示，7个品系在6~8 d内均可出苗，其中CA1−1，CA2−1，CA4−1，CA6−1和陇藜4号出苗较快；生育期为110~116 d，其中CA1−1的生育期最短，而CA6−1的最长，说明这6个品系和陇藜4号一样，都是中熟品系。

表 5-2　不同藜麦品系生长情况统计

品系	播种期	出苗期	拔节期	显序期	开花期	灌浆期	成熟期	收获期	生育期/d
CA1-1	5月31日	6月6日	6月28日	7月11日	7月23日	8月15日	9月23日	9月25日	110
CA2-1	5月31日	6月6日	6月28日	7月13日	7月26日	8月17日	9月25日	9月25日	112
CA3-1	5月31日	6月7日	6月26日	7月12日	7月25日	8月16日	9月25日	9月25日	113
CA4-1	5月31日	6月6日	6月27日	7月12日	7月25日	8月16日	9月28日	9月30日	115
CA5-1	5月31日	6月8日	6月25日	7月11日	7月24日	8月17日	9月27日	9月30日	112
CA6-1	5月31日	6月6日	6月29日	7月15日	7月27日	8月20日	9月29日	9月30日	116
陇藜4号（CK）	5月31日	6月6日	6月28日	7月15日	7月27日	8月19日	9月28日	9月30日	115

（四）农艺和产量性状记载及比较分析

如表5-3中所示，通过对株高、穗形等9个农艺性状统计分析发现（表5-3），供试的6个品系的平均株高显著低于对照陇藜4号，穗形只有 CA5-1呈纺锤形，其余为松散结构。幼杆颜色都为绿色，成杆颜色 CA1-1，CA4-1，CA5-1，CA6-1为红色，CA2-1位淡黄色，而 CA3-1和陇藜4号一样，为淡白色。茎秆硬度测试表明，CA4-1，CA5-1和 CA6-1较易折断，其中 CA6-1的折断高度为80~100 cm。CA2-1和 CA3-1的千粒重明显高于对照，其他四个供试材料都低于陇藜4号。CA2-1的籽粒含水量为9.3%，其他5个品系和陇藜4号没有差异。由表5-3和5-4可知，CA4-1的单位产量最高，相比陇藜4号，其亩产增加9.4%，而其他5个供试品系的亩产量要比对照减少3.3~54.9%。如表5-5所示，对供试样品的产量采用方差分析和 F 测验，当 $\nu_1=6$，$\nu_2=18$，查 F 表得 $F_{0.05}=2.66$，$F_{0.01}=4.01$，$F = 173.78 >> F_{0.01}$，H_0应予以否定，表示品系间差异极显著，则需进一步做多重比较。

表 5-3　藜麦品系农艺和产量性状统计

品种	株高/cm	穗形	籽粒颜色	幼秆颜色	成秆颜色	易折度	折断高度/cm	千粒重/g	含水量/%
CA1-1	133.0	松散性	黑红黄	绿色	红色	不易	—	2.83	8.9
CA2-1	149.7	松散性	淡黄	绿色	淡黄	不易	—	3.19	9.3
CA3-1	176.3	松散性	黑色	绿色	淡白	不易	—	3.64	8.9
CA4-1	169.2	松散性	淡黄	绿色	红色	易	20~50	2.59	8.5
CA5-1	167.3	纺锤形	黑红黄	绿色	红色	易	30~50	2.78	8.9
CA6-1	172.5	松散性	淡黄	绿色	红色	易	80~100	2.63	8.9
陇藜4号（CK）	197.6	松散性	淡白	绿色	淡白	不易	—	3.05	8.8

注：CA1-1籽粒颜色为黑红黄三色，各色籽粒较均匀，各色占比1/3；CA5-1籽粒颜色为黑红黄三色，以黄色为主。

表 5-4　藜麦品系小区产量统计

区组	Ⅰ	Ⅱ	Ⅲ	Ⅳ	平均产量	亩产/ kg · 亩$^{-1}$	与CK增产/%	位次	Ti
CA1-1	632.8	824.1	689.6	774.7	730.3	216.49（3247.35 kg/ha）	-54.9	7	2921.2
CA2-1	671.5	882.6	715.4	743.9	753.4	223.33（3349.95 kg/ha）	-53.5	6	3013.4
CA3-1	1190.3	1594.7	1350.8	1487.4	1405.8	416.74（6251.10 kg/ha）	-13.2	4	5623.2
CA4-1	1533.9	1972.7	1645.2	1933.9	1771.4	525.13（7876.95 kg/ha）	9.4	1	7085.7
CA5-1	1358.7	1648.3	1496.5	1756.6	1565.0	463.94（6959.10 kg/ha）	-3.3	3	6260.1
CA6-1	1120.3	1452.8	1260.7	1457.6	1322.9	392.15（5882.25 kg/ha）	-18.3	5	5291.4
陇藜4号（CK）	1496.4	1743.1	1521.3	1716.2	1619.3	480.02（7200.30 kg/ha）	0.0	2	6477.0
Tr	8003.9	10118.3	8679.5	9870.3	—	—	—	—	36672（T）
$\overline{x}$	1143.4	1445.5	1239.9	1410.0	1309.7	—	—	—	

表 5-5　藜麦品系小区产量方差分析

变异来源	自由度DF	平方和SS	均方MS	F值	$F_{0.05}$	$F_{0.01}$
处理	6	4115359.39	685893.23	173.78	2.66	4.01
误差	18	71043.28	3946.85	—	—	—
总变异	27	4613553.59	—	—	—	—

采用 t 测验（LSD 法）进行品系间比较。通过计算品系间差数的标准误，以各品系的小区平均产量（即）进行比较发现：以陇藜4号为对照，通过藜麦不同品系平均数产量差异值与 LSD0.05和 LSD0.01值得比较，CA4-1比对照增产差异极显著；CA5-1比对照减产差异显著；其余品系均比对照增产差异极显著。我们进一步采用新复极差测验（LSR 法）各品系小区平均产量的差异显著性。如表5-6所示，CA4-1与陇藜4号、CA5-1、CA3-1、CA6-1、CA2-1、CA1-1有5% 水平上的显著性，陇藜4号与 CA5-1、CA3-1、CA6-1、CA2-1、CA1-1有5% 水平上的显著性，CA3-1与 CA6-1、CA2-1有5% 水平上的显著性，CA4-1与陇藜4号、CA5-1与 CA3-1没有5% 水平上的显著性；CA4-1、陇藜4号与 CA5-1、CA3-1、CA6-1、CA2-1、CA1-1有1% 水平上的显著性，CA5-1与 CA3-1、CA6-1、CA2-1、CA1-1有1% 水平上的显著性，CA3-1与 CA6-1没有1% 水平上的显著性。

表 5-6　藜麦品系小区产量方差分析

品种	产量	差异显著性	
		5%	1%
CA4-1	1771.4	a	A
陇藜4号	1619.3	bc	AB
CA5-1	1565.0	c	B
CA3-1	1405.8	d	C

续表

品种	产量	差异显著性	
		5%	1%
CA6-1	1 322.9	e	C
CA2-1	753.4	f	D
CA1-1	730.3	f	D

注：同列不同小写和大写字母分别表示0.05和0.01水平差异显著。

三、讨论

自1987年在西藏引种藜麦成功以来，我国北方冷凉地区、干旱区以及高海拔地区如青海、云南等地藜麦种植呈现规模化发展。以干旱区的甘肃省为例，藜麦种植面积约为4700 hm^2，未来我国藜麦种植面积和需求将进一步扩大[18]，筛选和培育高质量品系已成为当前藜麦产业发展的瓶颈因素。前期已有部分研究针对生育期以及株高、穗形、倒伏、产量等农艺性状，在甘肃、青海、内蒙古、山西、陕西、河北、北京、河南等不同生态区对多个藜麦品系进行了综合评价，也有针对籽粒颜色和营养成分等品质性状的鉴定分析。然而，由于我国藜麦引种时间较短、种质资源来源混杂且遗传鉴定较为滞后、品系命名不统一、田间管理差异较大，很难对不同结果进行综合比较。以产量这一关键性状为例，在各个生态区筛选获得的适应性较好的不同藜麦品系其产量为2 390.26~5 871.00 kg/hm^2。本研究中供试的7个品系产量为3 247.35~7 876.95 kg/hm^2，在宁夏海原旱作区均呈现较好的适应性。本研究选取陇藜4号这一审定中熟品系作为参照，其产量为7 200.30 kg/hm^2，株高为197.6 cm，生育期为115 d。相比在甘肃武威旱作区（3341.25 kg/hm^2）和陇东旱塬区复种陇藜4号（4418.33 ± 1210.77 kg/hm^2）产量有显著增加，表明产量受耕作、施肥、灌溉等田间管理方式影响较大。在6个引进实验品系中，CA4-1的产量为7876.95 kg/hm^2，与陇藜4号相比增产9.4%，统计学检验差异显著，表明该品系在海原旱作区具有很好的生态适应性。

藜麦产业的发展应聚焦边际土地的有效利用和粮食供应的多样化。藜麦引种评价应根据发育不同时期特征、生育期、生产性能等指标，基于规范化栽培技术，结合不同生态区地理环境因素，来筛选综合性状优异的品系用于育种生产和推广。在供试的6个引进品系中，CA3−1植株和陇藜4号一样，茎秆粗壮不易倒伏，产量（6 251.10 kg/hm^2）略低于对照（7 200.30 kg/hm^2）但仍然显著高于文献报道的最优藜麦品系产量。藜麦引种评价研究发现，千粒重和产量呈现及显著正相关，本研究中陇藜4号的千粒重为3.05 g，和前人发表结果相似（3.08 g），而 CA3−1的千粒重为3.64 g，表明通过有效的田间管理，其产量具有进一步的提升可能性。同时，CA3−1籽粒颜色为黑色，其蛋白质含量有可能较高[33]。综合以上分析结果，CA3−1和陇藜4号在宁夏海原旱作区具有较好的育种生产和推广前景。

四、结论

在宁夏海原旱作区栽培条件下，引种的6个藜麦品系和陇藜4号均能完成生育期，都为中熟品系且有较好的生态适应性。CA4−1产量可达7 876.95 kg/hm^2，和其他供试品系呈现显著差异，但是其植株易从基部折断。CA3−1和陇藜4号植株不易倒伏，产量较高，综合性状优异。CA3−1千粒重较重，增产潜力较大。综合考虑海原旱作区的生产需要和育种目标，CA3−1和陇藜4号具有较好的育种和推广生产的前景，应进一步开展多年试验种植和综合评价。

第二节　宁夏藜麦的分布概况

一、宁夏藜麦的地理分布

藜麦具有较强的抗旱、抗寒、耐盐、耐瘠薄等特性，适宜高海拔冷凉地区生长，种植地海拔越高，日晒也越充足，种出来的藜麦品质越好，且海拔越高的地方病虫害越少，这样杜绝了农药污染。宁夏藜麦产区地理分布在南部黄土丘陵区的冷凉地区。北部干旱带、中部干旱带也有零星种植，但受气候影响较大，地理分布较为不稳。

二、宁夏藜麦分布区简述

宁夏藜麦主要分布在固原、隆德、西吉、彭阳、海原等气候较为冷凉地区，引黄灌区各市县均有零星种植。固原张易宋洼种植的藜麦品质为最优，这是因为那里的气候、水土环境符合高海拔、少雨、日照充足、盐碱化等特征，所以越北方产量就越高。比如青海的藜麦产量稳居国内最高，可达450 kg每亩。就是因为青海是海拔3 000 m以上、降水量在300 mm的高海拔山区，这样的种植区远离了工业区，土壤原生态无污染，用冰川水灌溉，不打农药，通过了农残检测，取得有机认证等，这些都能为藜麦的质量保驾护航。所以青海能种植出更优质的藜麦香米，面积大，产量也更高。

第三节　宁夏藜麦分布特征

一、宁夏种植藜麦的地理趋势

藜麦具有较强的抗旱、抗寒、耐盐、耐瘠薄等特性，适宜高海拔冷凉地区生长，种植地海拔越高，气候冷凉适宜藜麦生长，种出来的藜麦品质越好，且海拔越高的地方病虫害越少，杜绝了农药污染。宁夏藜麦地理分布在南部黄土丘陵区的冷凉地区。中部干旱带也有零星种植，北部引黄灌区受气候影响较大，没有合适品种，目前只有零星种植筛选品种。

二、宁夏种植藜麦的适宜区域

宁夏种植藜麦主要分布在固原、隆德、西吉、彭阳、海原等气候较为冷凉地区，引黄灌区各市县均有零星种植。固原张易宋洼种植的藜麦品质为最优，这是因为那里的气候、水土环境符合高海拔、少雨、冷凉、日照充足、盐碱化轻等特征。这样的种植区远离了工业区，土壤原生态无污染，雨水即可满足藜麦生长需求，不打农药且通过了农残检测，是有机农产品等。这些都能为藜麦的质量保驾护航。所以宋洼村能连续多年大面积种植，产品远销沿海大城市。

三、宁夏藜麦资源分布特征

（一）海拔高度是关键因素

马维亮研究员等经过多年研究，认为宁夏海拔高度对藜麦产量和品质影响较大。根据外省（区）试种藜麦结果，海拔高度是影响藜麦生长的关键因素，海拔越高，气候越冷凉，藜麦产量越高，温度对藜麦生长的生理生态影响机制还不清楚。宁夏南部山区海拔1500m以上，较为冷凉的山坡地适宜藜麦种植。海拔1000m以下地区能否种植藜麦的可能性还需进一步试验。

（二）土地类型是重要基础

宁夏石嘴山创业园吴夏蕊博士已经在石嘴山市种植了好几年，也积累了盐碱地种植藜麦的经验。宁夏农林科学院林业与草地生态研究所2019年和2020年连续两年在平罗盐改站引进藜麦新品种进行筛选试验，但均因极端高温天气而未结实或病虫害严重而结实颗粒不饱满、产量极低等突出问题。2020年11月，宁夏农林科学院林业与草地生态研究所引进山东平原藜麦新品种“山引1号”在吴忠孙家滩国家科技示范园区和银川市良田镇和顺村大棚内试验种植。目前，通过水肥一体化设备装置、温棚温控系统等设施栽培，整个生长期长势较好，但温室出苗长势、形状表现与高海拔冷凉区露地筛选出的藜麦品种有差距，出苗率具有不可比拟性。所以，藜麦在平原地区引种试种初期还需考虑极端天气、无公害栽培、播种保苗等系列问题，尤其以高温天气对藜麦的伤害。

（三）引种以高地生态类型为主

藜麦适应性广，从北纬2°至南纬40°，从海拔4000m至海平面，从年降水量50mm至2000mm的区域几乎都可以种植。因此，藜麦生态分布地域性就很广。我国最先引种试验地区气候生态海拔与原产地相似，引进的品种基本属于高地生态类型。国内其他气候类型的地区引种藜麦可选择其他生态类型品种。福建省亚热带植物研究所地处亚热带气候类型的厦门，该研究所引种的藜麦属于高温湿润气候类型、盐地类型和海岸类型品种，能更好地适应当地物候。目前，这些地区的藜麦生产存在一些问题，比如品种成熟期不一致给藜麦的机械化收获带来较大困难，因此适合机械化采收的品种选育将是未来藜麦研发的一个重要目标。此外，产量也是限制藜麦推广的一个较大因素，目前国内的引种主要来源于较大产区的自收种子，在我国有必要把提高藜麦的产量和选育成熟期一致的藜麦品种作为未来的工作目标。

第四节　宁夏藜麦引种研究概况

一、宁夏引种示范推广与应用

宁夏农科院于2006年从玻利维亚引进藜麦品种试种，是国内最早接触和认识藜麦的专业研究单位，通过多年来的研究实践，已经积累了研发藜麦的种植经验，了解和掌握了藜麦不同生态类型品种的特征特性和对环境条件的要求，通过不同环境基点试验示范摸清了藜麦在宁夏干旱缺水的南部山区种植的一些特点如抗旱，抗寒，耐低温，营养价值高，适合于高海拔（海拔1 500 m）以上的六盘山一带冷凉地区种植，是这些地区群众脱贫致富的最佳作物。（这些地区海拔一般都在2 000 m 以上）根据多年的不断摸索，对种植藜麦存在的一些突出问题如高温不育、倒伏、成熟不一致、播种难、保苗难、穗发芽等，也找出了相应的解决办法。目前，通过不断地培训农民、现场示范观摩、印发藜麦科普实用技术手册，使越来越多的农民所认同，并开始扩大种植规模。一些极度干旱的乡村，通过农村专业合作社的引种试种示范，与美丽乡村建设，生态景观旅游观光结合，逐步在改善着当地的生态环境和生活条件。项目组与国内外藜麦同行也一直保持着联系，在不断地引进适合当地种植的新品种。可以肯定地说，通过项目实施可加快从国内外引进不同类型新品种，根据宁夏南部山区的气候条件和生态环境，筛选出适宜的品种来推广种植，逐步实现产业化，对帮助这些干旱缺水贫困地区的群众脱贫致富意义重大。宁夏有2/3的耕地在南部山区，干旱缺水严重制约着这些地区的经济发展和群众生活水平的提高，成为各级政府多年来一直难以解决的难题。长期以来这些地区由于干旱缺水，只能种植小杂粮，而这些地区的地理环境，气候和土壤条件和南美洲藜麦主要生产国极相似。研究结果表明，这些干旱少雨的冷凉地方适合种植藜麦，同时藜麦秸秆又可以作为优质饲料发展畜牧业，该作物种植又可解决这些地区一季有余，两季不足的种植结构，更有效地充分利用光、热、水资源。因此，大力发展藜麦产业，可以帮助宁夏南部山区群众脱贫致富，是助力乡村振兴战略到的一项很有发展前景的开发扶贫项目。

二、固原市引种示范推广与应用

“宋洼村”品牌藜麦。宋洼村，位于宁夏固原境内六盘山下的一个小山村。拥有永久藜麦基地1000亩，气候凉爽、湿润，海拔2100~2400m，位于暖温带半干旱区，属于阴湿半阴湿地区。干旱少雨，土壤瘠薄，村民长期种植马铃薯、荞麦等农作物，经济效益非常有限，合作社通过藜麦的种植、加工，成功申请“宋洼村”商标等，藜麦产业已成为宋洼村贫路上一道亮丽的风景线，“宋洼村”藜麦是一款适合各个消费群体、不同年龄段食用的来自高原六盘山脚下的全营养类健康食品，亮点是安全、健康、营养、天然。由于海拔和气候关系，宋洼村土地解冻一般到3月下旬，自土地解冻后，合作社就开始土地深翻、撒施有机肥、覆膜、选种等一系列准备工作，种植一般在5月中旬开始，3~5d出苗，6月初开始人工除草，这时候藜麦已经长成四叶状，到7月下旬开始分枝，

2021年宁夏固原藜麦

8月中旬出穗，10月中旬藜麦成熟，呈七彩色，等到11月开始收获藜麦，收获后，晾晒、装袋、入库，加工包装后就成为著名的“宋洼村”藜麦。2018年宁夏农科院在宋洼村建立100亩藜麦试验基地，研发培育适合宁南山区生态和生产条件下藜麦优质、高产、高效栽培模式和品种，引进来自山西、青海、云南、甘肃等地不同颜色的50多个品种藜麦进行培育新品种。

为培育藜麦加工龙头企业，稳步扩大宁夏藜麦种植规模，形成藜麦全产业链发展，组织专家考察宣传固原宋洼村土地股份专业合作社“宋洼藜麦”加工设备、生产情况及品牌营销情况。建立“宋洼藜麦网站”，利用网络销往全国各地。

三、海原县引种示范推广与应用

通过近年来科技人员持续关注，对区内外藜麦种植生产做专题研究，并从引进藜麦品种试种情况看，藜麦在宁夏南部山区和中部干旱带比较适应。在2018年试种成功的基础上，从2019年开始在海原县作为藜麦引种示范重点，进行试验示范跟踪服务宁夏中部干旱带农业种植结构优化、助力乡村振兴和脱贫攻坚，为海原县7个藜麦示范基地藜麦试种提供优良种子及种植技术指导。为保证示范基地藜麦试种成功，在海原县建立中沙绿城（宁夏）农业科技发展有限公司藜麦产业工作站，通过工作站的建立，对接相关专家资源，为藜麦品种引进、示范种植和技术推广把脉问诊，确保海原藜麦试种进展顺利，并形成藜麦产业扶贫长效机制，从而推动藜麦产业在海原健康发展。围绕藜麦抢墒播种，区、县专家针对播种技术规范、病虫害防治、肥料施用、土壤条件等对种植户做了问题解答和指导，就如何做到播量精准、播深一致、节约籽种、提高作业效率等方面问题进行了深入交流。组织区、县专家赴山西稼祺农业科技有限公司原平藜麦种植试验基地考察，考察不同藜麦育种及种植生长情况，并就藜麦种植、产品加工及产业发展进行学习交流。组织土壤肥料、病虫害，配套栽培等方面专家到海原听取技术人员汇报生长情况及问题，并到武塬村等试种基地，对田间管理、病虫害防治等方面进行现场技术指导。组织专家、服务站负责人及藜麦种植、加工企业负责人，参加“第三届中国西部藜麦产业高峰论坛”与国内外专家学者、企业，就藜麦育种、栽培、加工销售及全产业链发展等方面进行学习交流，并对藜麦产地进行了考察。为培育藜麦加工龙头企业，稳步扩大宁夏藜麦种植规模，形成藜麦全产业链发展，组织专家考察固原宋洼村土地股份专业合作社“宋洼藜麦”加工设备、生产情况及品牌营销情况。

在藜麦不同生长期，宁夏农林科学院老科协根据需要，定期组织专家与种植示范点对接，根据藜麦生长情况，通过实地及网络，对试种基地土地整理、施肥、覆膜、病虫害防治、田间管理等进行技术指导和培训，并发放《藜麦百问》《藜麦技术问答手册》等技术手册。其间，老科协藜麦专家马维亮亲自到海原种植基地进行了12次现场技术指导，并举办藜麦培训班，向农民讲解藜麦知

宁夏海原藜麦

识，同时向区内外藜麦同行搜集藜麦新品种，与高校和科研院所协调对接，对藜麦营养品质，秸秆营养成分对比分析及藜麦不同品种抗旱性、抗盐碱、抗低温等特性进行检测鉴定。开展 EMS 化学诱变育种1项，不同种植模式、育苗移栽等试验6项，目前确定，育苗移栽最好，不覆膜露地直播为宜。各种植点产量平均在150~200 kg/ 亩。在连续4年引种试种，是该点成为宁夏藜麦核心示范点。一是通过各试验示范基点种植表现，可以确定，藜麦作为抗旱植物，在海原县可以种植。二是通过筛选的品种和2018年以来新引进的品种共78个，从田间表现来看，78个品种表现不一，差异明显，形状、颜色、株高等差异大，产量不等。三是不同栽培方式：一次性施肥、黑白膜覆盖栽培、育苗移栽、水肥一体

化、机械化播种、病虫害防治、物理性引诱剂和太阳能杀虫灯等措施，逐步摸索降低生产成本、全程机械化作业等关键技术。多种栽培方式，目前确定，育苗移栽最好，但成本太高，不适宜推广。不覆膜露地直播为宜，为最好栽培模式。在该点完成藜麦籽粒秸秆品质分析检测报告，向世人展示藜麦营养价值。

第六章　优良藜麦幼苗培育

第一节　藜麦种子的采集

一、收割处理

藜麦生长到100~130 d 时收割。成熟时果实变硬，指甲掐不动为准。收获时要准备塑料布或帆布，用于收割时遇雨覆盖和晾晒时铺地使用，最好晴天收割，以防果实发芽。

二、营养测定

选择具有代表性的藜麦品种成熟籽粒进行测定（检测结果报告书2019年12月12日）。

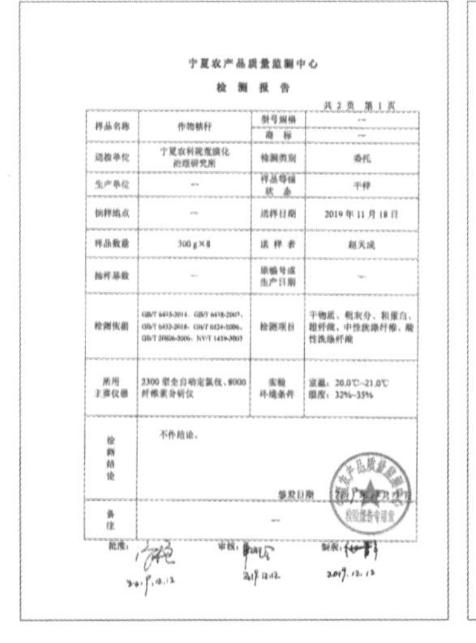

宁夏农产品质量监测中心

检 测 报 告

共 2 页　第 1 页

样品名称	作物秸秆	型号规格	—
		商　标	—
送检单位	宁夏农科院荒漠化治理研究所	检测类别	委托
生产单位	—	样品等级状　态	干样
抽样地点	—	送样日期	2019 年 11 月 18 日
样品数量	300 g×8	送 样 者	赵天成
抽样基数	—	原编号或生产日期	—
检测依据	GB/T 6435-2014、GB/T 6438-2007、GB/T 6432-2018、GB/T 6434-2006、GB/T 20806-2006、NY/T 1459-2007	检测项目	干物质、粗灰分、粗蛋白、粗纤维、中性洗涤纤维、酸性洗涤纤维
所用主要仪器	2300 型全自动定氮仪、8000 纤维素分析仪	实验环境条件	室温：20.0℃~21.0℃　湿度：32%~35%
检测结论	不作结论。　签发日期		
备注	—		

批准：　　2019.12.12　　审核：　　2019.12.12　　制表：　　2019.12.12

宁夏农产品质量监测中心

检测结果报告书

共 2 页　第 2 页

样品编号	样品原号	干物质 g/100g	粗灰分 g/100g	粗蛋白 g/100g	粗纤维 g/100g	中性洗涤纤维 g/100g	酸性洗涤纤维 g/100g
B2019—2027	小麦	94.4	4.6	2.06	43.09	78.16	51.12
B2019—2028	藜麦	90.2	13.6	11.56	26.62	48.05	31.70
B2019—2029	豌豆	91.6	6.7	5.07	37.08	54.07	41.89
B2019—2030	谷子	89.9	7.2	3.72	34.06	64.74	40.95
B2019—2031	玉米	93.0	7.2	3.60	36.52	72.71	44.60
B2019—2032	马铃薯	88.5	9.0	10.42	27.38	41.76	33.56
B2019—2033	糜子	91.0	5.8	3.58	32.82	61.72	41.10
B2019—2034	燕麦	92.0	5.8	5.17	26.60	54.79	36.46

以下空白

藜麦籽粒检测结果报告书

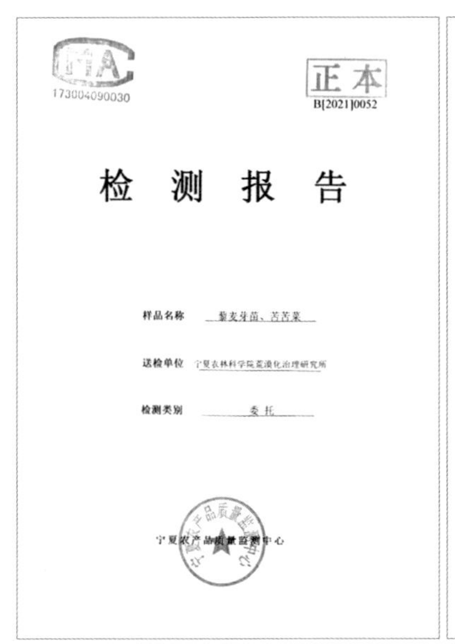

173004090030

正本

B[2021]0052

检　测　报　告

样品名称　藜麦芽苗、苦苦菜

送检单位　宁夏农林科学院荒漠化治理研究所

检测类别　委托

宁夏农产品质量监测中心

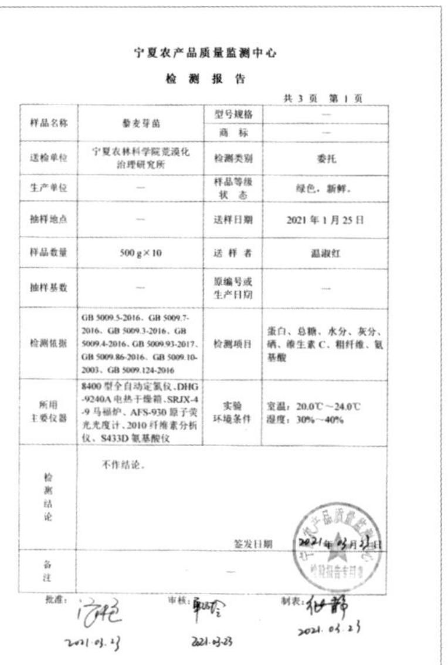

宁夏农产品质量监测中心

检　测　报　告

共 3 页　第 1 页

样品名称	藜麦芽苗	型号规格	—
		商　标	—
送检单位	宁夏农林科学院荒漠化治理研究所	检测类别	委托
生产单位	—	样品等级状　态	绿色，新鲜。
抽样地点	—	送样日期	2021 年 1 月 25 日
样品数量	500 g×10	送 样 者	温淑红
抽样基数	—	原编号或生产日期	—
检测依据	GB 5009.5-2016、GB 5009.7-2016、GB 5009.3-2016、GB 5009.4-2016、GB 5009.93-2017、GB 5009.86-2016、GB 5009.10-2003、GB 5009.124-2016	检测项目	蛋白、总糖、水分、灰分、硒、维生素 C、粗纤维、氨基酸
所用主要仪器	8400 型全自动定氮仪、DHG-9240A 电热干燥箱、SRJX-4-9 马福炉、AFS-930 原子荧光光度计、2010 纤维素分析仪、S433D 氨基酸仪	实验环境条件	室温：20.0℃～24.0℃ 湿度：30%～40%
检测结论	不作结论。 签发日期　2021 年 03 月 23 日		
备注	—		

批准：　2021.03.23　审核：　2021.03.23　制表：　2021.03.23

宁夏农产品质量监测中心

检测结果报告书

共 3 页 第 2 页

样品编号	样品原号	蛋白 g/100g	总糖 g/100g	水分 g/100g	灰分 g/100g	硒 mg/kg	维生素 C mg/100g	粗纤维 g/100g	天冬氨酸 g/100g	苏氨酸 g/100g	丝氨酸 g/100g	谷氨酸 g/100g	脯氨酸 g/100g
B2021—0254	藜麦 55 号	2.58	0.40	92.0	25.1	0.0026	28.7	10.4	—	—	—	—	—
B2021—0255	藜麦 64 号	3.06	0.53	91.2	—	0.0022	33.5	8.6	0.058	0.034	0.034	0.080	0.034
B2021—0256	藜麦 66 号	2.64	0.50	92.6	25.6	0.0028	28.7	10.4	—	—	—	—	—
B2021—0257	藜麦 70 号	2.94	0.30	90.8	23.2	0.0025	35.9	10.3	—	—	—	—	—
B2021—0258	藜麦 74 号	2.44	0.52	91.6	24.2	0.0020	26.3	11.1	—	—	—	—	—
B2021—0259	藜麦 81 号	2.75	0.52	90.8	24.2	0.0023	35.9	11.6	—	—	—	—	—
B2021—0260	藜麦 82 号	2.40	0.32	92.5	23.5	0.0022	26.3	12.4	—	—	—	—	—
B2021—0261	藜麦 83 号	2.57	0.52	91.0	23.0	0.0024	21.6	11.0	—	—	—	—	—
B2021—0262	藜麦 84 号	2.26	0.30	92.2	24.7	0.0022	21.6	8.8	—	—	—	—	—
B2021—0263	藜麦 85 号	2.59	0.56	91.5	26.1	0.0032	28.7	10.2	0.035	0.017	0.018	0.056	0.017
备注：灰分和粗纤维含量以干基计，其他项目含量以鲜基计。													

宁夏农产品质量监测中心

检测结果报告书

共 3 页 第 3 页

样品编号	样品原号	甘氨酸 g/100g	丙氨酸 g/100g	胱氨酸 g/100g	缬氨酸 g/100g	蛋氨酸 g/100g	异亮氨酸 g/100g	亮氨酸 g/100g	酪氨酸 g/100g	苯丙氨酸 g/100g	组氨酸 g/100g	赖氨酸 g/100g	精氨酸 g/100g	氨基酸总量 g/100g
B2021—0255	藜麦 64 号	0.034	0.034	0.0092	0.035	0.018	0.032	0.054	0.025	0.041	0.038	0.046	0.040	0.65
B2021—0263	藜麦 85 号	0.021	0.020	0.0052	0.018	0.0017	0.014	0.030	0.0039	0.017	0.018	0.024	0.018	0.37

以下空白

不同品种藜麦菜用营养成分检测

三、种子采集

藜麦种子胚芽占比极高，具有营养活性，尤其是种子的胚乳、种皮组织结构。因此，种子防潮是采集时最应该注意的一点，否则将直接影响种植结果。

（一）籽粒饱满、新鲜完整度

质量好的种子籽粒比小米大些，中间鼓起的药片形状周边围绕着一圈白色的胚芽。质量差的藜麦籽粒比小米还小，中间凹陷不饱满，色泽发暗发黑，碎粒和小粒多。好的藜麦籽粒大小均匀，又大又饱满，色泽鲜亮发白，完整度好，碎粒少。尽可能选择像青藜1号这类抗寒、抗旱、耐盐碱、抗倒伏的高产品种，选种和留种过程中注意要在经过第一季种植后，留存植株大、穗多、成熟度高、籽粒饱满的种子。

（二）籽粒中的杂质量

质量差的藜麦种子，杂质较多，尤其多有小石子等杂质，在清水中浸泡还会漂浮较多干瘪的籽粒和草屑等。清洗时水发混，起泡。

（三）籽粒是否受潮

因为藜麦籽粒种子很怕水，只要一触碰到水分、潮湿物质，种子就会发芽，发生霉坏变质。因此，选购种子时，要看种子是否发霉变质。

四、种子贮藏

藜麦种子储藏主要是防止潮湿、鼠患、飞蛾等。为保证藜麦品质，收获前必须将病穗、杂株去除，收获后及时晾晒，防止霉烂变质，然后使用编织袋装置，并放置于通风干燥处。

五、种子处理

（一）晒种

藜麦播种前选择晴天把种子摊在防雨布上，厚度0.5 cm 左右，保持阳光下晒1 d，2~3 h 翻动一次，以增强种子的活力，提高发芽率和发芽势。

（二）药剂浸种

用50%多菌灵可湿性粉剂1 000倍水溶液浸泡藜麦种子30 min后捞出，再用种衣剂包衣晒干待播。

（三）测试种子

对藜麦种子的纯度、发芽率、发芽势等项目进行测试，种子外观要保持一致，色泽要饱满、大小要均匀。如发现种子含较多杂质或存在发霉变质等情况，不可用于种植。在病虫害较为严重的地区，播种前茬可以采用药剂包衣或丸粒化种子的方式进行播种。

第二节　播种模式

一、露地播种

最好雨后抢墒播种，雨后根据土壤墒情用手推专用播种机或三行蓄力播种机（堵严中间一行）条播，出苗后按适当株距间苗。

二、腹膜播种

按垄宽50 cm覆黑膜，采用手推专用播种机或人工点播的方式，在覆膜中间部位播种，每穴控制籽粒3~5粒，出苗后间苗。

三、水肥一体化种植

用带有镇压器的谷子精量播种机，覆滴灌带覆膜一体机进行播种，播种深度2~3 cm。

第三节　播种区域划分

一、北部春播区

主要包括吉林、内蒙古等省（区）及河北、山西冷凉山区。

二、西部春播区

主要包括西藏、甘肃、青海等省（区），特别是海拔2000米以上的高原冷凉地区。

三、南部春 / 秋播区

主要包括贵州、云南高海拔山区、四川凉山地区等。

第四节　藜麦生育进程及形态特征

中国农业大学博士研究生任永峰研究认为，藜麦整个全生育期可划分为苗期、分枝期、显穗期、开花期、灌浆期和成熟期6个主要生育时期；按生育期长短分为4个类型，分别为120~123 d、124~126 d、133~136 d 和146~151 d；按穗转色期和转色时间也分为4个类型，分别为转色较早型、转色较中间型、转色较晚型、转色最晚型；按株高可分为3个类型，分别为矮秆、高秆和中间型品种；按冠幅大小也可以分为3个类型，分别为紧凑型、平展型和中间型品种。

一、种子萌发

此时期主要为播种至子叶出土前，历时8~9 d 左右。以种子萌发为主，播种后1 d 种子开始吸水膨胀，包被子叶的胚根展开向下生长形成根，胚轴伸长成为茎，子叶生长同时根系下扎，胚轴颜色变为紫色。播种后遇 HTC 左右温度时根系先发生（A），遇20℃左右温度时子叶优先生长（B），遇15℃左右温度时胚根和子叶同时生长（C）（图6-4）。

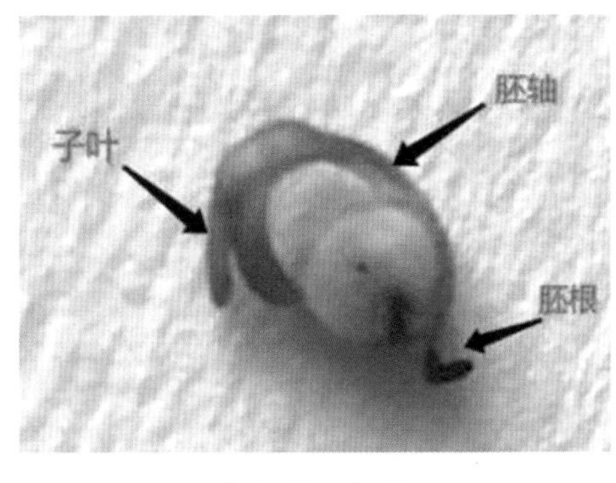

藜麦种子萌发

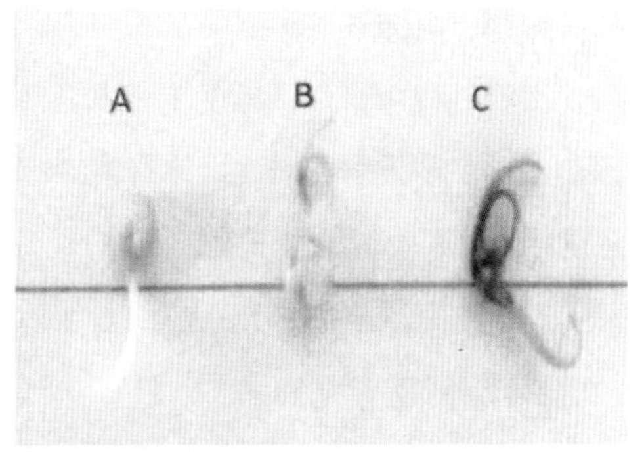

藜麦种子萌发示意图

北方民族大学魏玉清教授对宁夏农林科学院马维亮提供的5个藜麦品系进行了对干旱、盐分及温度处理对藜麦种子萌发的影响试验。

（一）材料和方法

1. 供试材料

供试的藜麦种子由宁夏农林科学院马维亮研究员提供，5个藜麦品系：NXLM−002、NXLM−003、NXLM−006、NXLM−007、NXLM−008。

2. 试验处理

试验于2019年3月在国家民委生态系统模型及应用重点试验室植物生理生态实验室进行。干旱处理实验设置5个 PEG−6000梯度，分别为 CK（蒸馏水，0%PEG−6000）、−0.15 MPa（10%PEG−6000）、−0.30 MPa（15%PEG−6000）、−0.45 MPa（19%PEG−6000）、−0.60MPa（23%PEG−6000）；盐处理实验设置5个 NaCl 梯度，分别为 CK（蒸馏水）、0.4%、0.8%、1.2%、1.6%；温度处理试验设置5个温度梯度，分别为15/5℃、20/10℃、25/15℃、30/20℃、35/25℃。挑选饱满，色泽和大小基本一致的藜麦种子经10% 的 $NaClO_3$溶液消毒20 min 后用无菌水冲洗至干净无味，用滤纸吸干种子表面水分后，铺在放有双层滤纸的培养皿中，每个培养皿准确摆放30粒种子，加入10 mL 处理液，每个处理重复3次，将所有培养皿置于12 h（25℃）光照或12 h（20℃）黑暗的人工气候培养箱中进行萌发试验，试验期间每天更换培养基质，以保证培养环境的恒定（温度处理试验除外）。

3. 测定指标与方法

试验过程中，每天观察记录种子萌发情况，以胚根伸出种皮2 mm 为萌发标准，记录种子萌发个数后计算发芽率，为了消除不同品种间差异，采用各指标的相对值来反映对胁迫的响应。

发芽率 = 萌发种子数 / 供试种子数 ×100%，相对发芽率 =（处理发芽率 / 对照发芽率）×100%；7 d 后，从每个处理中随机选出10株幼苗，用直尺测量长度，相对长度 =（处理长度 / 对照长度）×100%。

4. 数据处理

采用 Microsoft Excel 2003进行数据统计处理，图表中参数的数据以平均值 ± 标准差表示。

（二）结果与分析

1. 干旱胁迫对藜麦发芽率和早期幼苗相对长度的影响。如表6-1、6-2所示。

表 6-1　干旱胁迫对藜麦发芽率（%）的影响

品种	PEG6000 处理溶液渗透势				
	0Mpa	-0.15Mpa	-0.3Mpa	-0.45Mpa	-0.6Mpa
2号	100 ± 6.28a	102.74 ± 10.87a	98.63 ± 4.11a	83.56 ± 12.56ab	53.42 ± 18.83b
3号	100 ± 6.93a	94.67 ± 8.33a	10.67 ± 4.62a	89.33 ± 6.11a	37.33 ± 12.86b
6号	100 ± 2.28a	97.37 ± 9.12a	98.68 ± 3.95a	100 ± 4.56a	13.16 ± 12.06b
7号	100 ± 1.97a	97.73 ± 1.97a	98.86 ± 0.00a	96.59 ± 1.97a	98.86 ± 0.00a
8 号	100 ± 19.22a	98.70 ± 5.95a	100 ± 5.95a	92.21 ± 15.75a	89.61 ± 3.90a

注：表中不同字母代表同一品种不同处理差异显著，$P<0.05$，$n=6$，下同。

表 6-2　干旱胁迫对藜麦早期幼苗相对长度（%）的影响

品种	PEG6000 处理溶液渗透势				
	0Mpa	-0.15Mpa	-0.3Mpa	-0.45Mpa	-0.6Mpa
2号	100 ± 7.01a	98.55 ± 19.47a	83.44 ± 13.13a	44.80 ± 16.90b	15.84 ± 7.75c

续表

品种	PEG6000 处理溶液渗透势				
	0Mpa	-0.15Mpa	-0.3Mpa	-0.45Mpa	-0.6Mpa
3号	100 ± 6.18a	103.02 ± 21.10a	45.15 ± 18.72b	40.73 ± 7.11b	11.21 ± 1.70c
6号	100 ± 7.32b	147.30 ± 21.96a	114.00 ± 12.83b	73.79 ± 9.52c	7.10 ± 1.56d
7号	100 ± 7.50c	128.11 ± 8.79a	118.03 ± 8.45b	88.58 ± 10.28c	14.57 ± 4.80d
8号	100 ± 8.14b	117.92 ± 6.33a	96.89 ± 7.93b	27.14 ± 3.61c	12.05 ± 1.78d

2. 盐胁迫对藜麦发芽率和早期幼苗相对长度的影响。如表6-3、6-4所示。

表 6-3　盐胁迫对藜麦发芽率（%）的影响

品种	NaCl 含量				
	0	0.4%	0.8%	1.2%	1.6%
2号	100 ± 2.25a	72.73 ± 13.68a	66.23 ± 16.98b	72.73 ± 8.99a	58.44 ± 13.50b
3号	100 ± 2.25a	106.49 ± 2.25a	72.73 ± 5.95b	79.22 ± 9.80b	67.53 ± 2.25b
6号	100 ± 3.70a	96.30 ± 6.41a	97.53 ± 4.28ab	83.95 ± 10.69ab	79.01 ± 5.66b
7号	100 ± 2.08a	92.77 ± 7.52a	102.41 ± 5.52a	102.41 ± 5.52a	96.39 ± 8.35a
8号	100 ± 2.11a	98.78 ± 6.34a	95.12 ± 6.34a	92.68 ± 10.56a	93.90 ± 11.76a

表 6-4　盐胁迫对藜麦早期幼苗相对长度（%）的影响

品种	NaCl 含量				
	0	0.4%	0.8%	1.2%	1.6%
2号	100 ± 10.35a	104.92 ± 19.26a	79.36 ± 13.15bc	66.93 ± 10.27c	33.15 ± 7.99d
3号	100 ± 12.22a	80.40 ± 14.14b	71.76 ± 9.18bc	57.39 ± 13.57c	32.46 ± 5.44d
6号	100 ± 11.45a	104.55 ± 11.93a	53.13 ± 5.91b	36.26 ± 2.49c	24.24 ± 1.35d
7号	100 ± 8.45a	123.35 ± 6.68a	95.30 ± 7.28b	54.92 ± 10.67c	38.07 ± 10.37d
8号	100 ± 8.79a	90.18 ± 9.27b	41.70 ± 9.60c	29.60 ± 3.67d	21.92 ± 1.68d

3. 温度处理对藜麦发芽率和早期幼苗总长的影响。如表6–5、6–6所示。

表 6–5 温度处理对藜麦发芽率（%）的影响

品种	温度				
	15/5℃	20/10℃	25/15℃	30/20℃	35/25℃
2号	87.78 ± 5.09a	76.67 ± 3.33bc	85.56 ± 5.09ab	68.89 ± 1.92cd	63.33 ± 3.33d
3号	96.67 ± 3.33a	91.11 ± 1.92a	94.44 ± 3.85a	75.56 ± 1.92b	70 ± 3.33b
6号	94.44 ± 3.85a	93.33 ± 3.33ab	91.11 ± 1.92abc	75.56 ± 10.72bc	73.33 ± 8.82c
7号	98.89 ± 1.92a	95.56 ± 3.85a	96.67 ± 3.33a	93.33 ± 3.33a	87.78 ± 7.70a
8 号	87.78 ± 1.92b	97.78 ± 1.92a	94.44 ± 1.92a	85.56 ± 3.85b	77.78 ± 1.92c

表 6–6 温度对藜麦早期幼苗总长（cm）的影响

品种	温度				
	15/5℃	20/10℃	25/15℃	30/20℃	35/25℃
2号	5.24 ± 0.45c	10.1 ± 0.48a	10.5 ± 0.77a	9.27 ± 0.33b	5.24 ± 0.34c
3号	5.44 ± 0.12c	7.27 ± 0.38a	9.88 ± 0.58a	10.01 ± 0.78b	4.9 ± 0.80c
6号	5.93 ± 0.29b	10.36 ± 0.80a	11.00 ± 0.68a	10.32 ± 0.78a	4.37 ± 0.38c
7号	5.98 ± 0.29d	9.76 ± 0.52ab	9.20 ± 0.53b	10.32 ± 0.78a	7.59 ± 0.36c
8 号	7.56 ± 0.23d	12.98 ± 0.62a	10.34 ± 0.51c	11.28 ± 0.55b	5.31 ± 0.35e

（三）主要结论

1. 不同浓度 PEG6000模拟干旱胁迫下，藜麦种子发芽率变化不大，发现藜麦种子吸水和保水能力强，萌发速度快，PEG6000浓度对其影响不大，说明藜麦种子萌发能力强；但是不同浓度 PEG6000处理藜麦其幼苗生长有较大差异，同时不同品种也表现出较大的差异性，总体上，6号和7号表现出更强的抗旱性，而3号最敏感，萌发期抗旱性有强到弱综合排序为：6号，7号，2号，8号，3号。

2. 不同浓度 NaCl 胁迫下，藜麦种子发芽率差异不大，其种子萌发阶段表现出较强的抗盐性。但是藜麦幼苗生长有较大差异，同时不同品种也表现出差异，总体上，7号表现出更强的抗盐性，而6号最敏感，萌发期抗盐性有强到弱综合排序为：7号，3号，2号，8号，6号。

3. 藜麦种子萌发阶段，不同温度条件下发芽率变化较大，其萌发最适温度条件为白天20℃ / 晚上10℃，高温抑制其萌发。温度对藜麦幼苗生长有较大影响，当超过白天30℃ / 晚上20℃时，不利于藜麦幼苗生长，不同藜麦品种呈现出相似的特征。

二、苗期

该时期历时约22~24 d，主要以子叶出土为开始标志，子叶出土时叶边缘为紫色，且叶呈细长型，伴随着根系下扎和主茎叶片同时生长；叶片数量变化以叶对生方式由4片叶增加到8片叶，至8片叶时，叶腋处有侧枝叶片发生，该时期地下部：地上部长度比约为2：1，由于苗期植株幼小，抗旱能力较弱，对于干旱少雨地区应注意及时补水（图6-5）。

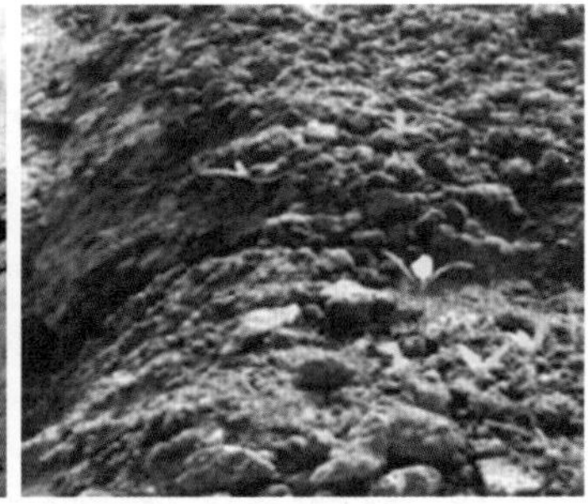

藜麦苗期

三、分枝期

该时期历时约23~27 d，主要标准为主茎生长，侧枝发生和生长，侧枝叶腋处开始有小叶发生，节间明显伸长，植株主茎叶和侧枝叶叶面积增加速率加快，茎色和叶色开始发生变化，该时期是植株分枝数的主要形成阶段，同时也是决定植株有效分枝数的重要阶段（图6-6）。

藜麦分枝期

四、显穗期

该时期历时约16~22 d，以顶穗形成为主，侧枝穗开始发生为主要特征。此时期株高仍在快速增加，地上部与根系长度比约为1∶3，顶穗发生后6 d 左右侧枝穗开始发生，穗型为圆锥状，茎色和穗色分离更加明显，以主茎叶片光合作用为主，干物质快速积累，为营养生长旺盛阶段，应注意合理的水肥调控（图6-7）。

显穗期

五、开花期

该阶段历时约14~17 d，以顶穗开花为主，侧枝穗继续发生并相继开花；该时期主穗顶端和侧枝穗顶端小穗相继开始开花，靠近顶穗和侧枝顶穗附近叶片光合作用开始增强，为籽粒灌浆提供充足的源基础，由于叶片遮阴及部分破损导致中下部叶片光合作用比例减弱，此时期侧枝穗的发生基本完成，是决定藜麦小穗数和穗粒数的关键时期（图6−8）。

开花期

六、灌浆期

该时期历时最长，约占全生育期的四分之一，是藜麦产量形成的关键时期，对水、肥要求较高，主要特征为顶穗、侧枝相继灌浆，果穗开始充实、变沉，穗型由松散变为紧凑；此时期穗开始转色及成型，株高不再增加，穗重、粒重增加较快，后期下部主茎叶片部分开始黄化脱落，穗的养分积累主要依靠中上部叶片，其中近穗部叶片和穗光合也发挥了重要作用（图6−9）。

藜麦灌浆期

七、成熟期

该时期历时约10~12d，分为乳熟期、蜡熟期和完熟期3个阶段，植株茎秆由绿色或紫色变黄，整株叶片开始脱落，穗重不再增加，籽粒变硬且外露可见适宜收获。若遇连续降雨时藜麦穗发芽现象严重，应及时收获（图6−10）。

藜麦成熟期

第五节　幼苗管理

一、整地施肥，适时播种

按照“齐、平、松、碎、净、墒”六字原则整地。藜麦忌重茬，可与小麦、马铃薯、胡麻、豆类等作物轮作。藜麦不耐除草剂，前茬作物若施用除草剂，需播前深翻。有灌溉条件的地块应进行冬灌或来年春灌，做到灌足、灌透。播期一般为4月上旬至5月中旬，不能晚于5月底，地温稳定在10℃以上时，根据土壤墒情适时播种。播种方式可采用撒播、条播、穴播或育苗移栽。可采用配套的播种机或覆膜播种一体机作业。干旱地区可采取全膜覆盖播种，并铺设滴灌设施。

二、查苗补苗，间苗定苗

藜麦出苗后，要及时查苗补缺，发现漏种和缺苗断垄时，应尽快采取补种或移苗补栽等措施。可将种子浸入水中3~4 h 捞出并用湿布盖上，放在20~25℃处，闷种10 h 以上，开沟补种；也可对少数缺苗断垄处，在幼苗4~5叶时移苗补栽，补苗后浇少量水或雨后补栽，保证成活率。藜麦出苗后应及早间苗，注意拔除杂草。出苗5~6叶后即长到10 cm 时，可以进行第一次间苗，此时可以除去病弱苗，适当多留苗，留好苗。幼苗长到8~10片叶即20~30 cm 时，可以进行第二次间苗、即定苗，留壮苗，保全苗，合理密植。

三、及时补播，防治虫害

藜麦播种后3 d左右发芽，5 d出苗，如10 d未出苗应及时补种。补播时注意浅播，与初播方式相同。

四、防治虫害

播种前应结合整地注意防治地下害虫。

五、适时灌水，节水种植

（一）适时灌水

藜麦生育后期水分亏缺缩短了灌浆期至成熟期天数和生育期天数，而生育前期水分亏缺延长了苗期至分枝期持续时间，随着灌水次数和灌水量增加，灌浆期至成熟期天数和生育期总天数增加，表明间歇灌溉有利于藜麦生育期的延长。

（二）节水种植

中国农业大学博士研究生任永峰研究认为，藜麦灌水量和灌水时期对籽粒产量及水分利用效率产生显著影响，连续干旱胁迫显著降低了藜麦水分利用效率和产量，灌浆期灌水延缓了植株养分积累衰退，产生明显补偿效应，表现为水分利用效率和产量显著大于分枝期灌水。藜麦植株生育期耗水量主要来源于降水量，随着灌溉量增加，对土壤水分消耗减弱，且对土壤水分消耗主要集中于40~70 cm土层，灌浆期灌水增加了该时期作物耗水量和全生育期耗水量，其耗水量大小与作物产量及作物水分利用效率显著相关，苗期灌水＋灌浆期灌水更有利于节约灌水并获得较高的产量和水分利用效率，其灌浆期干物质积累和群体叶面积指数增加较快和生长活力持续，可能是节水高产的主要原因，该措施为当地藜麦节水种植有效灌溉措施。

六、适时追肥，水肥管理

（一）叶面喷肥

施肥情况根据土壤肥力情况确定。为确保藜麦高产，可在初花期进行叶面喷肥，建议每亩50 g 硼肥 +100 g 磷酸二氢钾兑水喷施，防止藜麦“花而不实”。全生育期浇水次数及每次浇水量要依据土壤墒情和雨水多少而确定，现蕾期是藜麦水分临界期，对土壤水分反应敏感。开花期对水分要求迫切，视藜麦长势和田间持水量，一般灌水2~3次，总灌水量每亩180~200 m^3。中后期灌水避开大风天气，以减少因灌水引起的倒伏。

（二）施足底肥

试验结果普遍建议底肥一次施足，不做追肥，如果生长后期发现有缺肥症状，可以追施氮肥不超过1 500 kg/ 亩。结合整地秋施基肥或播前施足底肥，每亩施有机肥2 000 kg、尿素3 kg、磷酸二铵10 kg、硫酸钾3 kg，有条件的地区可根据此配方精准施肥。中国农业大学研究生任永峰研究认为，每生产100 kg 籽粒，需氮（N）2.4 ± 0.3 kg、磷（P_2O_5）1.2 ± 0.2 kg、钾（K_2O）3.0 ± 0.6 kg，氮磷钾比例约为2 ∶ 1 ∶ 2.5。随着氮肥用量增加，藜麦氮农学效率、氮生理利用率和氮收获指数表现为先增加后减小趋势，表明氮素对籽粒产量增加的贡献明显降低。藜麦植株对氮、磷、钾的吸收量均表现为茎 > 穗 > 叶 > 根，且随着施氮量增加，各器官对氮、磷、钾的吸收呈增加趋势，氮投入的增加对磷钾具有促进吸收作用；随着施氮量增加叶片叶绿素含量、叶面积指数和灌浆速率峰值呈增加趋势，增施氮肥能够显著增加藜麦籽粒亚油酸、a- 亚麻酸、EPA、DHA、不饱和脂肪酸、脂肪酸总含量、粗脂肪、粗蛋白、苏氨酸、丙氨酸和赖氨酸品质指标含量。因此，在旱作区发展藜麦种植，采用氮磷钾肥配施技术，并适量施用氮肥是提高肥料利用效率、增加作物产量和品质的有效措施。李成虎，马维亮等研究认为黑色半膜（幅宽120 cm，厚0.012 mm）平铺覆盖，覆膜前亩施磷酸二铵15 kg，专用肥20 kg，使用机械先犁后旋整地。刘锁荣，范文虎等研究认为，藜麦生长过程中不需追肥，建议使用氮磷钾比例为15 ∶ 15 ∶ 15的高效复合肥600~750 kg/hm^2。在缺钾的地块，需要施用钾肥。如果使用农家肥，应减少用量。较低的土壤肥力同样也是旱作农业的关键制约因素，瘠薄的农田土壤限制了水肥的转化利用效率进而影响了农业生产。

七、中耕除草，培育壮苗

藜麦不宜使用除草剂，中耕以疏松土壤、提高地温、蹲苗促根，中耕2~3次为宜，深度松土不损伤根系。苗期5~6叶时第一次锄草松土，初花期时第二次锄草松土，第三次中耕锄草根据杂草生长情况而定。

第六节　开花期、灌浆期管理

一、间接调控灌水

中国农业大学任永峰对内蒙古阴山北麓藜麦生长发育、水肥利用和产量形成特性研究认为，藜麦出苗期和灌浆期保证幼苗生长期足够的水分供应，利于植株形态建成；显穗期至开花期正值雨季，植株能够充分利用该阶段降水资源，并增加对40~70 cm 土层土壤水分消耗，保证植株较高的干物质生产率和叶面积指数增加；灌浆期至成熟期灌水增加了植株生长后期耗水量，提高了叶面积指数、叶片光合速率、干物质水分利用率，延缓了干物质积累衰退，保证了叶片生长活力的持续（Zhao 2004）。所以，通过间歇灌溉方式，在分枝期至开花期调控灌水，充分利用该阶段降雨和土壤水分，在灌浆期进行复水，发挥其补偿生长功能，适应和抵抗水分亏缺对作物生长造成的影响，实现作物产量和 WUE 的提高。

二、追肥增产效果

马维亮、王勇等2018年在隆德观庄实施藜麦 N 肥追肥试验，对藜麦产量结果、农艺经济性状进行研究分析认为，分枝期和抽穗期追肥增产效果最好，产量分别为225.20 kg 和196.34 kg，较对照增产83.13% 和59.64%。单株粒重：分枝期 > 抽穗期 > 灌浆期 > 苗期 > 转色期 > 乳熟期 >不施肥（CK）。试验地部分区域石头较多，土层深浅不够均匀，造成部分小区植株长势强弱不均，一定程度影响了试验的精确度，有待进一步验证。在施用充足有机肥基础上，在藜麦不同生育时期追施氮肥，研究藜麦适宜的追肥生育时期。试验设6个处理，分别为苗期、分枝期、麦穗期、转色期、灌浆期、乳熟期，不追肥为对照

（CK），施肥种类为尿素，施肥量10kg/亩。随机区组设计，三次重复，小区面积5m×3m=15m²，1m走道，四周设保护行。覆膜穴播种植，播种前精细整地，结合整地施有机肥1000kg，旋耕镇压覆膜。

表6-7 宁夏隆德观庄藜麦N肥追肥期试验产量结果

序号	追肥期	小区产量/kg			平均	折合亩产kg/亩	位次
		I	II	III			
1	苗期	3.14	4.30	3.10	3.51	156.16	4
2	分枝期	4.35	5.10	5.75	5.07	225.20	1
3	抽穗期	4.40	2.75	6.10	4.42	196.31	2
4	转色期	4.55	3.25	2.55	3.45	153.34	5
5	灌浆期	3.65	4.70	4.65	4.33	192.60	3
6	乳熟期	2.60	1.55	4.50	2.88	128.15	6
7	对照(CK)	2.9	2.1	3.3	2.77	122.97	7

表6-8 宁夏隆德观庄农艺和经济产量性状

序号	追肥期	株高/cm	茎粗/cm	穗长/cm	千粒/g	单株粒重/g
1	苗期	162	2.1	48.0	3.25	24.00
2	分枝期	161.7	2.3	52.7	3.14	46.53
3	抽穗期	165.0	1.9	45.0	3.50	35.50
4	转色期	123.5	1.7	32.0	3.35	18.85
5	灌浆期	131.5	1.6	41.5	3.00	26.60
6	乳熟期	124.5	1.7	33.0	3.05	17.70
7	对照（CK）	113.3	1.5	34.0	3.17	14.80

注：单株粒重：分枝期>抽穗期>灌浆期>苗期>转色期>乳熟期>不施肥（CK）。

如表6-7、6-8所示，试验证明：分枝期和抽穗期追肥增产效果最好，产量分别为225.20kg和196.31kg，较对照增产83.13%和59.64%。试验地部分区域石头较多，土层深浅不够均匀，造成部分小区植株长势强弱不均，一定程度影响了试验的精确度，有待进一步验证。

第七章　藜麦丰产栽培技术

——以宁夏藜麦产区为例

第一节　种植示范园区要点

一、园区选择与整理

种植藜麦要选择地势较高，阳光充足，通风条件好，肥力较好的山坡地、二阶地建立园区。园区选茬选用前茬应为马铃薯、油菜、豆类茬或轮歇地进行种植，不宜重茬，忌连茬。地块土壤最好选择沙土地或黏土地。宁夏藜麦种植应选择海拔在南部山区1 500 m 以上的干旱半干旱地区，无工业污染、水源纯净、空气清新，这对藜麦营养品质影响较大。种植土壤符合 GB15618土壤环境质量标准，环境空气质量符合 GB3095环境空气质量标准。

二、品种配置与选择

藜麦品种较多，色彩丰富，生育期也有差别，一般选择抗逆性强、抗倒伏、生育期较短的藜麦品种种植。宁夏南部山区梯田较多，选择品种搭配时以梯田条带为准，每一条带种一个品种，各品种间避免混种。根据品种试验，选择陇藜4号、藜麦66号、藜麦64号、藜麦85号、陇藜1号等品质性状稳定、丰产性好的品种。选用的种子和覆盖薄膜符合 GB4404.1－2008农作物种子质量标准（禾谷类）、GB13735－1992农用地面覆盖薄膜质量标准，如表7－1所示。

表 7–1　种子质量标准

作物名称	种子类别		纯度不低于/%	净度不低于/%	发芽率不低于/%	水分不高于/%
粟 · 黍	常规种	原种	99.8	98.0	85	13.0
		大田种	98.0	98.0	85	13.0

注：在农业生产中，粟俗称谷子，黍俗称糜子。

三、种植时间

播种期为4月下旬到5月上旬，地温稳定在10℃以上时，根据土壤墒情适时播种。播种时与炒熟的谷子（或糜子）以1：2的比例混匀后播种。最好能选在雨后播种或看天气预报雨前两天播种。饲草用途或青储饲料播种时间可迟一点或早一点。

四、种植方式

（一）播量

一般每亩播种量控制在200~350 g。品种间有差异，有分蘖或分枝大的品种可适当稀一些，反之侧密一些。密度在5 000~8 000株 / 亩为宜，也可以根据不同品种特性合理化密植。

（二）播深

藜麦种子籽粒很小，呈小圆药片状，直径1.5~2 mm，千粒重1.4~3 g。播深1~2 cm 左右，株 × 行 =20~25 cm × 50 cm，过深出苗困难，过浅往往不发芽。所以，播种是种植藜麦的第一道难关。

（三）播种方式

一般使用谷子播种机播种或人工点播，可采用播胡麻或小杂粮类作物的播种机，也可采用新研制的精量微型播种机播种。露地种植、覆膜种植、水肥一体化种植均可，白膜或黑膜差别不大。

1. 露地条播

最好雨后抢墒播种，雨后根据土壤墒情用手推专用播种机或三行蓄力播种机（堵严中间一行）条播，出苗后按适当株距间苗。

2. 膜膜播种

按垄宽50 cm 覆黑膜，采用手推专用播种机或人工点播的方式，在覆膜中间部位播种，每穴控制籽粒3~5粒，出苗后间苗。

3. 水肥一体化种植

用带有镇压器的谷子精量播种机，覆滴灌带覆膜一体机进行播种，播种深度为2~3 cm。

五、田间管理

（一）苗期管理

1. 查苗补苗

藜麦出苗后，要及时查苗，发现漏种和缺苗断垄时，应采取补种措施：一是将种子浸入水中3~4 h 捞出，用湿布盖上，放在20~25℃处，闷种8 h 以上，开沟补种。二是对少数缺苗断垄处，可在4~5叶时，雨后移苗补栽，对移栽苗，连续2 d 早晚用水浇苗，保证成活率。也可在旁边稠密处结合间苗带土就地移栽，一举两得，效果更好。

2. 间苗定苗

藜麦出苗后应及早间苗，并注意拔除杂草。幼苗长到10 cm 时，进行第一次间苗，可适当多留苗，留好苗。幼苗长到20~30 cm 时，进行第二次间苗，留壮苗，保全苗，合理密植。第二次间出的苗可以精包装后到市场上销售，增加收入。据宁夏农产品质量检测中心测定，藜麦苗菜口感非常好，营养价值和口感远远超过苦苦菜。

3. 中耕除草

这是培育壮苗的关键，藜麦幼苗生长缓慢，忌讳草荒，第一次中耕结合间苗进行，苗期5~6叶时第一次除草松土，应掌握浅锄、细锄、破碎土块，围正幼苗，做到深浅一致，草净地平，防止伤苗压苗。中耕后如遇大雨，应在雨后表土稍干时破除结板。目前，藜麦没有专用除草剂。苗期要及时中耕除草，疏松土壤、提高地温、蹲苗促根。一般中耕2～3次为宜，深度以松土而不损伤根系为原则。初花期时第二次除草松土，第三次根据杂草生长情况而定。

（二）中期管理

1. 清垄

在8叶龄时进行清垄，逐垄检查，将行中杂草、病株、残株拔掉，提高整齐度，苗脚利索，通风透光。不起垄种植的结合中耕向藜麦根部培土。

2. 深耕

藜麦从拔节期起，进入旺盛生长阶段。随着温度的升高，茎秆生长速度加快，在清垄后，应进行深中耕，刨断部分侧根，促进根系发育，控制基部茎节的生长，使茎秆粗壮，有利于防止后期倒伏。

3. 培土

将行间杂草除尽，进行根部培土，促进基部茎节、次生根的生长，增强植株的支持能力，有利于防止后期倒伏。

4. 虫害防治

在播种后3 d（藜麦幼苗顶土时）和出苗3 d 后进行两次（根据虫情危害程度确定）药剂喷雾防治，以后视虫情危害程度再加防治。用药：毒死蜱、劲彪等防治甲虫和椿象，确保全苗。在藜麦开花期在加防一次，主要防治椿象类害虫。

5. 水肥管理

对有灌水条件的地区，可根据土壤墒情在播种后出苗后，根据田间土壤含水状况，在藜麦现蕾期灌一次水，灌水量不宜过大，总水量控制在180~200 m^3为宜。

6. 叶面追肥

在初花期进行叶面喷肥。建议每亩50 g 硼肥 +100 g 磷酸二氢钾兑水喷施，防止藜麦“花而不实”。

（三）后期管理

当藜麦穗变黄变红时，就到了成熟期，采取整株采收的方式分2~3次将藜麦采收完，采收完后进行晾晒。此时要严防麻雀危害，及时收获，防止穗随风相互磨损落粒，造成损失。田间及时去杂去劣，以保证藜麦品质，收获前必须将病穗、杂株去掉。若条件允许，尽可能先收主穗，过几天待藜麦整株全部成熟后，全部收获，颗粒归仓。

第二节 示范园区土壤管理

一、合理间作

连作是农民常用的一种简单、长期、有效地提高土地利用率获取经济利益的一种做法。然而，藜麦第二年重茬种植就会出现出苗率低、植株生长缓慢、病虫害加重、产量急剧下降等现象，采取土壤简单消毒、增施底肥等措施后效果也不明显。山西董艳辉、于宇凤等研究认为，由于藜麦作为一种有着较高营养价值的新型杂粮，市场前景比较广阔，相对于其他作物有较高的经济收入，农民对种植藜麦的热情比较高，在土地资源有限的情况下对藜麦进行连年种植。作物连作障碍产生的原因多且比较复杂，其中，土壤微生物丰富度和多样性的变化是导致连作的主要原因之一。在农业生态系统中，土壤微生物多样性对维持生态系统的平衡具有重要作用。由于技术的限制，早期对土壤微生物研究需要依赖于人工分离培养，而大部分土壤微生物无法在实验室条件生存，因此阻碍了人们对微生物的了解，但是随着技术的进步，尤其是下一代高通量测序技术的发展，不再依赖人工培养，使研究者们能够同时对多种微生物基因组进行测序，通过对土壤根际微生物的丰富度和多样性的研究有助于更好地研究微生物与作物生长发育的关系，为克服作物连作障碍提供数据支撑。藜麦重茬种植会导致根际土壤的细菌种群数量和多样性都有不同程度的降低，同时也导致致病菌数量的增多，使根际土壤细菌种群朝着不利于植物生长方向发展。

二、机翻土壤

山西魏振飞、白永新等研究认为，在种植藜麦时，要尽可能选择土壤透气性好、不易板结、排灌方便的壤土或沙壤土地块。在播种前2~3 d，种植人员需要对待耕土地进行深翻，并施用化肥和有机肥，一般土地翻耕深度应保持在25 cm左右。在翻耕土地的同时，种植人员还要注意对土壤中的草根、树枝等杂物一一进行清理，最后对土壤进行耕平时尽可能做到表土细碎、上虚下实，这样才能保证种子出苗整齐，植株生长均匀。

青海张建新、李猛等研究认为，藜麦连作障碍现象在藜麦大规模种植地区基本都存在，导致个体种植户和藜麦种植公司有着不同程度的损失，科研人员进行了各方面的尝试，但因为对藜麦各方面的研究还处于初级阶段，目前还没有很好的解决办法。薛超、黄启为等总结了大量前人对连作机制的研究后认为，施用有机肥尤其是将有机肥与功能微生物相结合制成微生物有机肥后施用，对土传病害有一定的防治作用，但效果不是太稳定。藜麦作为抗逆性较强的新型杂粮作物，我国引进的时间较短，对其生理生化特性以及遗传机制了解还不够深入，面对产生的连作障碍问题，很难达到对症下药，但根际土壤是根际微生物直接作用于植物的重要场所，也是根际微生物受植物根系和分泌物影响最直接的区域，作物根际微生物能够分解并转化根际养分供给植物根系吸收，提高植物对生物和非生物胁迫的抵抗力。但是由于相关藜麦连作障碍方面的研究尚未见报道，因此可能是由于藜麦根际微环境比较适合溶杆菌属细菌以及中慢生根瘤菌属细菌的繁殖，导致了其数量的增加。但是，参与土壤中碳和氮循环的浮霉菌属细菌数量却降低了，藜麦连作打破了藜麦根际土壤细菌之间的平衡，这可能导致藜麦根际土壤细菌功能性紊乱，从而反馈于植株体本身，导致了藜麦的连作障碍，但具体的作用机制和相互之间的关系还需要进一步研究。

三、改良土壤

土壤根际微生物群落结构的差异会表现在基因表达方面的差异，藜麦重茬根际土壤中编辑复制和修复以及外源性物质降解和代谢的功能基因大量减少，受环境条件的影响越来越大，导致细菌对外来入侵的抵抗能力大大减小，原来有益的细菌群落丰度显著下降，病原菌细菌群落大量增殖，因此，导致重茬种植藜麦时生长受阻，土传病害增加，产量急剧下降。也有研究表明，连作不仅仅会导致有益细菌群落丰度降低，有益真菌的数量也会大幅度降低，而病原菌真菌的数量则会大幅度增加。由于藜麦连作障碍土壤根际细菌多样性方面的研究尚未见报道，并且本研究所采用的高通量测序技术的第二代测序技术，对细菌的分类无法定位到某一种细菌，且同一属的不同细菌种在土壤中可能会行使不同的功能，而不同属的细菌也可能在土壤中行使同样的功能，研究所得到的结果可能会有偏差。而随着第三代测序技术（单分子测序技术）的进一步完善和发展，打开了一扇精准研究土壤微生物的大门，该技术已经能够将土壤微生物定位到种的水平，对根际微生物的研究将会更加全面和细化，现在无法解决的问题可能会在不久的将来得到解决。

第三节　肥水管理

一、合理施肥

短期连作期内产量高低和藜麦种植年限无正相关关系，和基础地力水平、藜麦种植管理技术有关。即使在同等地力、同等施肥条件下，因为藜麦本身特性，仅仅在播种、收获方面对产量都影响较大。播种方式、播种时期、收获时期、收获方式不同产量也不同。但是，长期连作势必会造成藜麦产量降低、品质变劣、病虫害增加。因此，安排不同茬口轮作，建立养分循环利用体系，通过作物对土壤营养成分的自身调节，利用肥料养分利用率的叠加效应，平衡、减少下茬作物化肥的使用量，有利于养地。同时，将藜麦的施肥量和当地另外一种主栽作物青稞相比，虽然藜麦植株高大，但其施肥量比青稞施肥量要低，一是可能和藜麦的原产地有关。藜麦原产南美高海拔山区，本身具有耐寒、耐旱、耐瘠薄、耐盐碱等特性，近些年才引进我国种植，仍然保持有本品种特性。二是藜麦植株非常高大，种植过程中必须控制水肥以防止倒伏。此外，青稞的肥料效应要大于藜麦，其产量高低比藜麦更依赖于化肥的施用。本结论依据为一年一季作物的一次试验结果，有待于进一步验证。

二、合理灌溉

针对藜麦生产过程中合理水分管理措施缺乏的现实问题，探索亏缺灌溉对藜麦光合特性、营养品质和产量调节的生理基础，为藜麦节水高产优质栽培提供理论依据和技术支持。姚有华、白羿雄等研究认为，亏缺灌溉使藜麦植株在不同生育期的 Pn、Tr 和 Gs 显著降低，但 Ci 和叶片水分利用效率（*WUE*）显著升高，且降、增幅随亏缺灌溉程度的加剧而增大；亏缺灌溉降低了藜麦籽粒的蛋白质质量分数、氨基酸总量和氨基酸各组分质量分数；亏缺灌溉显著降低藜麦的总分枝数、有效分枝数和主穗面积，相比于充分灌溉和重度亏缺灌溉处理，轻度亏缺灌溉可显著提升藜麦的主穗粒质量、单穗粒质量、千粒质量和产量。亏缺灌溉负面影响藜麦植株的光合特性，但有助于提高叶片 *WUE*；亏缺灌溉不利于藜麦籽粒蛋白质、氨基酸和氨基酸各组分质量分数的提高；轻度亏缺灌溉可有效控制和提高藜麦的主穗面积、单穗粒质量、单株粒质量、千粒质量和最终产量；轻度亏缺灌溉在节约水资源和降低生产成本的同时，能显著提高藜麦的产量，且能维持相对较高的籽粒蛋白质和氨基酸质量分数。

第四节　抗倒伏种植技术

贵兴、杨修仕、王黎明、马宁等研究认为，藜麦是一个未经严格选育的半驯化的农作物，基因表现力丰富，可在不同的环境中产生较大的变化。藜麦原产地主要在海拔3000m 以上、降水量300mm 的高海拔山区，这里生长的藜麦平均高度在1.2m 左右；而我国种植藜麦的地方从700~3000m 都有分布，而且主要集中在海拔2000m 以下降水量在600mm 以上的地方，这些地方由于温度高降水量大，藜麦可以很轻易地长到1.8m 以上，甚至可达3m，而在原产区株高只有1.3m 左右。藜麦本身是浅根性作物，茎秆脆弱，这就非常容易发生倒伏和茎秆折断现象。以藜麦主产区山西静乐为例，每年倒伏的藜麦约有1/3，给藜麦种植户带来了巨大的损失和不便。黄杰、杨发荣、肖正春、张广伦等研究认为，矮壮素是一种常见的植物生长调节剂，常用于小麦、水稻、棉花、烟草、玉米、番茄等农作物，抑制作物细胞伸长，能使植株变矮，秆茎变粗，防止作物徒长倒伏。本试验以大田藜麦为对象，喷施不同浓度的矮壮素，观察分析不同浓度的矮壮素对藜麦的株高造成的影响，最终筛选出合适的浓度，以降低藜麦株高、减少倒伏现象的发生藜麦植株较高达，但根部能力较差，分布浅，且茎秆脆弱，秋季多风季节易出现倒伏现象。而倒伏会致使藜麦减产、品质下降。为保证藜麦的正常生长，避免藜麦出现倒伏现象，在选地的时候就要选择风力较小或背风的地块，控制好底肥（有机肥、氮、磷、钾化肥）的施用，底肥（有机肥、氮、磷、钾化肥）中添加钾肥的含量，因为钾肥可以提高藜麦的生长，促进茎秆粗壮，增强藜麦茎秆的抗倒伏能力。

一、种子处理剂

四川省农业科学院、四川省兰月科技有限公司陈春、王强锋等发明了一种属于种子处理剂的技术领域的专利（公告号 CN111011381A，公告日2020-04-17，具体涉及一种提高藜麦抗倒伏及产量的种子处理剂。本发明公开了一种提高藜麦抗倒伏及产量的种子处理剂，可以浸种处理，也可以直接与种子混施到土壤；其原料配比根据种子处理剂使用方式而定。本发明种子处理剂对藜麦种子活力及幼苗素质改善效果显著，显著降低藜麦株高，显著提高藜麦茎蔓的抗折能力，使其负重增加7%~20% 左右，防治倒伏；显著防止侧枝生长，增加主穗结实量，提高产量。本发明专利的藜麦种子处理方式不仅增产增收提升品质，还可有效节约劳动力，减少农药使用量。

二、喷施矮壮素

山西郭建芳、武小平等研究认为，为明确不同浓度矮壮素对藜麦抗倒伏的应用效果，以静藜1号为试验材料，在山西静乐县进行了不同浓度矮壮素对藜麦主要性状及产量的影响试验，分析各浓度与藜麦茎秆抗倒性、节间长度、倒伏表现率等性状的相关性。结果表明，喷施不同浓度的矮壮素对藜麦有一定的增产作用，其中，矮壮素浓度为1.00%~1.25% 时，茎秆基部抗折力增加显著，植株较矮，节间缩短，根冠直径和茎秆直径增粗，倒伏指数下降明显。在该试验条件下，藜麦生产上用矮壮素能够抗倒增产，且以高浓度（1.00%~1.25%）喷施节本增效效果最佳。为明确不同措施对藜麦抗倒伏性的影响，在山西省静乐县郭建芳、武小平等进行了藜麦抗倒伏试验。结果表明，与清水对照相比，喷施植物生长调节剂缩节胺藜麦株高降低23.20%、倒伏率降低21.34%、增产18.96%，增产增收效果显著。河南省安阳市刘瑞芳、贠超等研究认为，在可接受的剂量中，以3 200 mg/kg 浓度的处理效果最好。但是随着试验的进行和参阅别人的试验，带来了更多的疑问，如58日龄的藜麦是否是喷施矮壮素最合适的苗龄；喷施次数、浓度和用药量的问题；喷施矮壮素对藜麦根、茎、生物产量、经济产量以及环境等方面的影响。这些方面的问题都需要今后更多的试验来进行考证。

三、地块选择

山西魏振飞、白永新等研究认为，藜麦在整个生长过程中，根部扎的不是很深，分布比较浅，遭遇恶劣天气时，容易出现倒伏，而倒伏直接会影响整个植株的正常生长，甚至导致死亡。张平、曹慧英等研究认为，在选择地块时，要选择一些背风的地块，并且还要施足底肥，提升其抵抗大风、降水的能力。

四、施足底肥

合理配制底肥和高效复合肥的使用比例，适用于藜麦的整个生长周期，有利于藜麦的抗倒伏，提高藜麦的产量和品质。贵州贵阳市六枝特区舰航种养殖场向学秀发明了一种防止藜麦倒伏的种植方法（申请专利号：CN 201810665085.3申请日期：2018-06-26；公告号：CN 109042155A，公告日期：2018-12-21），属于农作物种植技术领域，其包括：选择和整理种植地、施底肥、播种、搭架子田间管理、收割等。它是根据多年的种植研究和摸索，通过合理的选地，独到的种植方法，尤其是底肥的配制，其种植的藜麦根系发达，植株粗壮，长势好，防倒伏能力强，加上防倒伏架子的设立，能有效地防止大风、多雨等气候因素造成的藜麦倒伏；该方法种植的藜麦不但不倒伏，而且抗旱、抗寒、抗病虫害能力强，其穗多籽粒饱满，具有产量高、经济效益好等优点。

五、合理培土

藜麦高效栽培方法需要选地、整地、搭棚、覆膜、播种、间苗、施肥、病虫害防治、采收等多个环节步骤的共同种植管理下，才能达到高产效果。藜麦苗高40~60 cm时，进行第二次除草，同时对藜麦进行第一次培土；苗高80~100 cm时，进行第二次培土。无论海拔高低，藜麦培土都是一个不可或缺的重要步骤。除覆膜栽培外，低海拔地区可以充分利用地势优势有效搭棚栽培，也可有利于改善藜麦生长的人为环境条件，还可有效防止倒伏，提高水分利用率以达到高产效果。

第五节　藜麦芽苗种植技术

一、芽苗的开发利用

研究表明苗期藜麦叶营养较为丰富，特别是矿物质、维生素的含量均高于一般食用的叶菜类蔬菜，且苗期藜麦不含有皂苷类物质，符合膳食推荐的标准。藜麦叶比根菜类蔬菜和叶茎类蔬菜的蛋白质、脂肪含量高，纤维素含量与叶茎菜类似。而赵清岩、赵海伊等研究表明菠菜、小白菜中的维生素 C 含量为55.25 mg/100 g、1 mg/g，这说明藜麦叶的维生素含量高于小白菜，低于菠菜。虽然藜麦叶的蛋白质、脂肪等营养成分含量不及藜麦籽粒，但也不低于日常食用的叶菜类蔬菜，且矿物质含量高，因此藜麦叶具有较高的开发利用价值。

二、芽苗的营养分析

（一）宁夏藜麦芽苗营养成分分析

银川市金凤区和顺新村11月9日开始播种藜麦，2021年1月19日采摘（生长期70日），宁夏吴忠市孙家滩国家科技示范园区2020年11月14日开始播种藜麦，2021年1月25日采摘（生长期为70日），选择具有代表性的10个藜麦品种幼苗期进行测定，结果如下图所示。

宁夏农产品质量监测中心

检测结果报告书

共 2 页 第 2 页

样品编号	样品原号	蛋白 g/100g	总糖 g/100g	硒 mg/kg
B2021—0243	藜麦 64 号 孙家滩	3.03	0.46	0.0026
B2021—0244	藜麦 66 号 孙家滩	2.86	0.40	0.0020
B2021—0245	藜麦 68 号 孙家滩	3.00	0.28	0.0016
B2021—0246	藜麦 74 号 孙家滩	2.76	0.48	0.0020
B2021—0247	藜麦 75 号 孙家滩	2.84	0.38	0.0016
B2021—0248	藜麦 81 号 孙家滩	2.75	0.16	0.0021
B2021—0249	藜麦 82 号 孙家滩	2.96	0.38	0.0032
B2021—0250	藜麦 83 号 孙家滩	2.93	0.40	0.0032
B2021—0251	藜麦 84 号 孙家滩	2.76	0.39	0.0026
B2021—0252	藜麦 85 号 孙家滩	2.63	0.40	0.0038
B2021—0253	苦苦菜	2.65	0.30	0.0042

以下空白

银川市金凤区和顺新村温棚试验结果

宁夏农产品质量监测中心

检测结果报告书

共 3 页 第 2 页

样品编号	样品原号	蛋白 g/100g	总糖 g/100g	水分 g/100g	灰分 g/100g	硒 mg/kg	维生素 C mg/100g	粗纤维 g/100g	天冬氨酸 g/100g	苏氨酸 g/100g	丝氨酸 g/100g	谷氨酸 g/100g	脯氨酸 g/100g
B2021—0254	藜麦 55 号	2.58	0.40	92.0	25.1	0.0026	28.7	10.4	—	—	—	—	—
B2021—0255	藜麦 64 号	3.06	0.53	91.2	—	0.0022	33.5	8.6	0.058	0.034	0.034	0.080	0.034
B2021—0256	藜麦 66 号	2.64	0.50	92.6	25.6	0.0028	28.7	10.4	—	—	—	—	—
B2021—0257	藜麦 70 号	2.94	0.30	90.8	23.2	0.0025	35.9	10.3	—	—	—	—	—
B2021—0258	藜麦 74 号	2.44	0.52	91.6	24.2	0.0020	26.3	11.1	—	—	—	—	—
B2021—0259	藜麦 81 号	2.75	0.52	90.8	24.2	0.0023	35.9	11.6	—	—	—	—	—
B2021—0260	藜麦 82 号	2.40	0.32	92.5	23.5	0.0022	26.3	12.4	—	—	—	—	—
B2021—0261	藜麦 83 号	2.57	0.52	91.0	23.0	0.0024	21.6	11.0	—	—	—	—	—
B2021—0262	藜麦 84 号	2.26	0.30	92.2	24.7	0.0022	21.6	8.8	—	—	—	—	—
B2021—0263	藜麦 85 号	2.59	0.56	91.5	26.1	0.0032	28.7	10.2	0.035	0.017	0.018	0.056	0.017
备注：灰分和粗纤维含量以干基计，其他项目含量以鲜基计。													

吴忠市孙家滩国家科技示范园区温棚水肥一体化调控试验检测结果

宁夏农产品质量监测中心
检测结果报告书

共 3 页 第 3 页

样品编号	样品原号	甘氨酸 g/100g	丙氨酸 g/100g	胱氨酸 g/100g	缬氨酸 g/100g	蛋氨酸 g/100g	异亮氨酸 g/100g	亮氨酸 g/100g	酪氨酸 g/100g	苯丙氨酸 g/100g	组氨酸 g/100g	赖氨酸 g/100g	精氨酸 g/100g	氨基酸总量 g/100g
B2021—0255	藜麦 64 号	0.034	0.034	0.0092	0.035	0.018	0.032	0.054	0.025	0.041	0.038	0.046	0.040	0.65
B2021—0263	藜麦 85 号	0.021	0.020	0.0052	0.018	0.0017	0.014	0.030	0.0039	0.017	0.018	0.024	0.018	0.37

以下空白

吴忠市孙家滩国家科技示范园区温棚水肥一体化调控试验检测结果

从两份检测报告分析，结果表明：（1）藜麦芽菜品质以30 d 为最佳食用时期，此时芽菜营养最高、口感最佳。（2）70 d 时再次采摘嫩芽做检测，其营养成部分有所下降，但食用价值仍然较高，说明采摘期长达40 d 以上。其中以引进山东农业科学院“山引1号”（B2021—0263藜麦85号孙家滩）含硒量最高为，0.0032 mg/kg，总糖含量最高，为0.56 g/100 g，但蛋白含量排名第五，为2.59 g/100 g，仅次于3.06 g/100 g 的 B2021—0255藜麦孙家滩64号、2.94 g/100 g 的 B2021—0257藜麦孙家滩74号、2.75 g/100 g 的 B2021—0259藜麦孙家滩81号、2.64 g/100 g 的 B2021—0256藜麦孙家滩66号。（3）藜麦芽苗不同区域、不同土壤状况、不同水控施肥条件下，同一种藜麦品种芽苗营养成分各不相同，但总体水平趋势相同。

（二）云南和内蒙古藜麦芽苗营养成分分析

成都大学硕士张琴萍学位论文研究认为：（1）将不同采收期收集到的藜麦芽苗，在72℃烘干磨粉后对其营养功能成分分析。结果显示：藜麦芽苗的水分含量在86.71%~93.67% 之间。水分含量在第33 d 显著降低（$P<0.05$）。藜麦芽苗的纤维含量随着采收期的延长而增加，其含量在第33 d 最高。因此藜麦芽苗在第33 d 采摘，水分含量低，纤维含量高，不适宜食用。藜麦芽苗中的灰分含量为鲜重的1.56%~3.4%，脂肪含量为干重的2.1%~3.29%，不同品种不同采收期之间存在一定差异，但无明显变化规律。藜麦芽苗蛋白含量27.94%～33.04% 之

间，含量远高于其他蔬菜。从品种来看，蒙藜1号蛋白质含量最高。（2）藜麦芽苗18种氨基酸中谷氨酸含量最高，占干重的2.79~3.96%，半胱氨酸含量最低为0.06%~0.13%。藜麦芽苗的第一限制氨基酸为蛋氨酸。藜麦芽苗的总氨基酸含量在19.57%~25.96%之间，其必需氨基酸占总氨基酸的42%~52.06%。从采收期来看，云南红藜和蒙藜1号均在第25 d测得最高的总氨基酸和必需氨基酸含量，云南白藜则在第29 d测得最高的总氨基酸和必需氨基酸含量。从品种来看，蒙藜1号具有较高的总氨基酸含量，其必需氨基酸占总氨基酸的比例最高，拥有更好的氨基酸组成。（3）藜麦芽苗中果糖含量在589.82~1 057.69 mg/100 g之间，葡萄糖含量在648.36~1 419.45 mg/100 g之间，蔗糖含量在481.62~584.84 mg/100 g之间，总糖含量在1 743.50~2 977.61 mg/100 g之间。从总糖来看，云南红藜和蒙藜1号均在第29 d糖含量最高。藜麦芽苗中的主要维生素E是α－生育酚，其含量在3.88~21.64 mg/100 g之间，占总维生素E的81.47%~99.20%。从品种来看，云南红藜芽苗中的α－生育酚含量高于云南红藜和蒙藜1号。藜麦芽苗δ－生育酚含量在0.18~0.72 mg/100 g之间。（4）藜麦芽苗中的γ－氨基丁酸含量在769.06~1 126.16 μg/g之间。藜麦芽苗的总多酚含量在5.73~10.83 mg/g之间，总黄酮含量18.48~30.38 mg/g之间，两者含量均在第25 d开始呈下降趋势。藜麦芽苗的皂苷含量显著低于其籽粒中的皂苷含量，皂苷含量在第33 d最低。藜麦芽苗中检测出了原儿茶酸、对羟基苯甲酸、香草酸、咖啡酸、对香豆酸、阿魏酸、异阿魏酸以及异槲皮苷8种酚酸含量，其主要酚酸为阿魏酸、异阿魏酸和异槲皮苷；从品种来看，云南红藜总多酚和酚酸含量最高。藜麦芽苗的ABTS和DPPH自由基清除活性在43.62~86.33 mg/g和11.16~30.01 mg/g之间。

三、芽苗的种植

（一）规模化种植

河北魏志敏、和剑涵、裴美燕等研究认为，为了促进营养价值高而全，且是唯一的单体植物就可以满足人体全部基本物质需求的特色蔬菜——藜麦苗的广泛种植，对其进行试验和生产探索，挖掘藜麦菜的适应性强（一年四季均可种植）、抗逆性强（耐寒、耐旱、耐瘠薄、耐盐碱、耐霜冻等）、营养丰富（粗纤维、胡萝卜素、维生素 B_1、维生素 B_2、氨基酸、维生素 C、钙、铁等）、药用价值高（清热、解毒、降压）等优势，并且从栽培季节、整地施肥、催芽、定植、水肥管理、病虫害防治等环节，全面总结出一套藜麦苗高效栽培技术，为这种特色蔬菜的规模化种植奠定基础。藜麦菜是一次播种多次采收的叶菜类蔬菜，值得广泛推广。

（二）筛选和培育

河北崔纪菡、魏志敏、刘猛等研究认为，通过对比藜麦与菠菜叶片的主要营养成分发现，藜麦叶片含有多种维生素和矿物质，纤维素和蛋白质含量高。藜麦作为蔬菜培育和食用具有较大的发展潜力与优势。筛选和培育低草酸和低硝酸盐的藜麦品种，是其未来发展的重要方向。北京梅丽、周继华、王俊英研究认为，探索温室藜麦蔬菜的栽培方法，以北京收获的藜麦籽粒为试验材料，从藜麦蔬菜生长动态监测，播种量与播种方式比较，肥效对比，机械播种量筛选，藜麦叶片与籽粒及其他蔬菜的营养成分比较等方面进行报道，旨在为生产提供技术参考。结果表明，藜麦蔬菜是一种富含蛋白质、膳食纤维、钾、镁、低钠的健康蔬菜，从播种至采收需要≥10℃积温933.24℃。为便于机械化生产和保证群体整齐度，建议选择条播方式，播种量22.5~24 kg/hm^2，产量可达15 143.55~15 442.95 kg/hm^2。施用羊粪、鸡粪和不施肥比较，以施用羊粪产量较好，可食用部分产量15 722.10 kg/hm^2。

（三）设施栽培

天津周学永、付荣霞、李航藜等研究认为，藜麦是一年生自花授粉的双子叶植物，原产于南美洲安第斯高原，2011年引入中国。由于藜麦果实产量低且不耐重茬，因此，在国内栽培受到了严重制约。该研究介绍了藜麦苗蔬菜的设施栽培技术。在设施栽培条件下，藜麦苗生长周期40 d 左右，一年可以收获6~8茬。一亩播种量2 000 g，藜麦苗一亩产量750 kg。藜麦苗蔬菜的栽培不仅弥补了藜麦作为谷物引种栽培的不足，而且还开发出了新的蔬菜品种，满足人们对不同口味藜麦的需求，具有显著的经济效益和应用价值。

四、建立芽菜种植基地

近年来，芽苗菜作为富含营养、优质、无污染的保健绿色食品在全国流行起来。芽苗蔬菜具有质地柔嫩，口感极佳，风味独特，且营养价值极高的特点，深受广大消费者青睐。广义上讲，凡是利用作物种子或其他营养贮存器官（如根茎、枝条等），在黑暗或光照条件下生长出可供食用的芽苗、芽球、嫩芽、幼茎或幼稍，均可称为芽苗菜或芽菜。通常情况下，植物在芽苗期的营养成分优于种子和成熟期。实践中，搭建大棚建立芽菜种植基地可实现提供健康绿色无公害的藜麦芽苗菜，进一步从品种筛选、栽培密度、浸种时间、光照强度及温湿度等方面进行摸索，优化藜麦芽苗菜培养条件和环境，提高藜麦芽苗菜产量和品质，为全国百姓提供营养丰富的藜麦新产品类型。

第八章　藜麦的收割

第一节　收割方法

收割藜麦的具体时间各地不同，成熟即可收割。藜麦成熟的标准关键是观察藜麦柱体开始干枯，叶片开始脱落，柱体上的种子暴露可见。当这三个特征具备时，可以开始收割。藜麦生长到100~130 d 时收割，当植株叶片变黄变红，叶片大多脱落，茎秆开始变干，种子进入蜡熟期。此时谷穗变黄断青、籽粒变硬，即可收割。这里说的是叶片开始脱落，而不是全部脱落完，这一点要注意，不然等叶片全部脱落完，果粒基本上都撒在地里了。收获时选择晴朗干燥天气，有人工试用镰刀和收割机两种方式，以品种、地块划分清楚，单收、单打、单保贮的方式进行。为保证藜麦品质，收获前必须将病穗、杂株去除，收获后及时晾晒，防止霉烂变质。

一、人工收割

人工镰刀成本较高，撒落较大，后续搬运也容易撒落，运输较为困难。

二、机械收割

可采用联合收割机收获，可以一次完成收割。

第二节　脱除表皮

一、机械脱除法

一般先用脱谷机把柱体跟粒分开再脱粒。藜麦粒要经过分选机分选，去除大部分灰尘和秸秆，然后再清理藜麦粒中的粉尘、石块、杂碎种子，并去除藜麦表面皂苷的过程。

二、人工脱除法

人工收割的是藜麦柱体，所以要先用脱谷机把柱体跟粒分开再脱粒。如果量较少则是人工清洁，则手搓水洗即可。

第三节　干制与贮藏

一、自然晾晒

（一）天气影响

人工收割藜麦大小穗即可，或用手掰藜麦穗，收割后放在田间或打谷场可晾晒，也可以及时脱粒。收割藜麦时要查看天气，要选择在晴天收割，千万不要在下雨天收获，藜麦籽粒最怕受潮，稍微受潮不仅容易变质发霉，而且极易发芽，失去商品价值。

（二）晾晒方式

人工收割或者收割机收割好的藜麦要晾晒7~15d，其间避雨避水，晚上最好盖住，这样藜麦的成色不受影响，晾晒要均匀，每天翻3~5次，多多益善。收获的籽粒要在自然阳光下风干最好，不要在温度太高的地方焙烤。

二、择机贮藏

采取分品种置放干燥处贮存。储存难是种植藜麦又一个难关。藜麦的储藏主要是防止潮湿、鼠患、飞蛾等。通常是编织袋放置于通风干燥处。收货前准备好塑料布，用于收割天气不好时覆盖，脱粒及晾晒时铺地使用。山区用镰刀收为好，收割后天气晴朗，可捆成小捆脱水，脱粒后及时晾晒，避免发酵变质。晾晒干后，用机器或人工扇簸掉藜麦中杂质，装好出售。

三、运输管理

运输工具要清洁、干燥，有防雨设施。严禁与有毒、有害、有腐蚀性、有异味的物品混运。并要保持干燥，绝对不能受潮。

第四节　质量分级与加工包装

一、质量分级

（一）用分级筛分级

利用震动的筛面将物料大小不同的混合物，按粒度进行分级的粮食分级设备，通过更换不同孔径的筛片，可清理小麦、玉米、稻谷、油料等多种颗粒的物料；适用于制粉、饲料、碾米、化工、食品、榨油等行业的原料分级。

（二）配备风选器

此类设备结构简单、体积小、重量轻、运行平稳、噪声小、能耗低、密闭性好、操作维修方便等特点，是理想的清理设备。如配备风选器，可以清除轻杂，且使机器处于负压状态工作，无粉尘外溢。

（三）专用藜麦分级筛

用筛选法按物料的粒度进行分离。物料由进料管进入偏心锥形漏斗后，散落在散粮板上，散粮板随筛体振动，使物料均匀地落到进料箱底板上，并沿底板流到上筛片上面。大型杂质沿上层筛面流入大杂出口排出机外，通过上层筛孔的筛下物落到下筛片上，其中小型杂质通过下筛片的孔眼落到筛箱底板上面，并经细杂出口排出机外，纯净物料沿下层筛面直接流入净料出口。

（四）质量分级

藜麦质量分级可采用美亚－黍8色选机和5XFZ系列精选机进行质量分级，藜麦米要求精度，以国家制定的精度标准样品检验。宁夏固原张易镇宋洼村种植的藜麦采用的就是此种分级标准，具体分级标准如下。

1. 特级藜麦

每千粒总重量 > 4.5 g，每百克蛋白质 > 15 g。

2. 一级藜麦

每千粒总重量 > 3.5≤4.5 g，每百克蛋白质 > 13≤15 g。

3. 二级藜麦

每千粒总重量 > 2.5≤3.5 g，每百克蛋白质 > 11≤13 g。

4. 三级藜麦

每千粒总重量 < 2.5 g，每百克蛋白质 < 11 g。

二、加工、包装与保管

（一）加工

藜麦米加工可使用喷风式铁辊精碾米机（JLM30，执行标准：JB/T6286-2013），采取串联式多机，加工后精米经过5XZ-7.5型正压比重精选机精选进入小粮仓，后经过藜麦抛光机冷冻式压缩空气干燥机、风选器对藜麦进行抛光、干燥处理，进一步去除藜麦米上皂苷粉末。按照国家卫生部门要求，对从事公司藜麦米加工的人员（指进加工车间和接触原粮的产成品人员）进行健康检查，持健康证上岗。具体规程操作如下。

①清除机器周围杂物，保持糙米入机的清洁、卫生，用流量调节门来控制，调节好糙米入机流量，保证机器正常运转。

②根据藜麦米品种、质量，调节压铊式压力门和弹簧压力门，使之达到所需精米要求。

③及时检查米筛，发现问题及时更换，防止漏米，或混入碎米，影响米的质量，降低出来率，造成精米损失。

④控制出米精度，防止碾磨过大或过小，影响米的纯度，防止碎米、糠的混入。

⑤振荡清理筛的筛面按藜麦米的质量进行调节，定量清理。

⑥保证加工期间的卫生，严禁污染物进入外框，及时清除积糠，保持机械内部清洁。

⑦藜麦精米加工采用铁辊喷风抛光机对脱皂后的藜麦精米进行抛光、风干，使藜麦精米产生光泽而且尽量不带皂苷粉末，要经常清洗抛光机内的粉尘，保持抛光机内的卫生。

（二）包装

由生产技术部门负责确定产品包装材料，包括设计和要求。采用的包装材料必须清洁卫生，符合国家食品包装材料卫生标准要求。包装时使用的工器具必须安全无害，保持清洁，防止污染。包装工序与其他工序必须隔离，防止成品受粉尘、杂菌的污染。

（三）保管

检验合格后的成品由车间与保管员办理入库手续，并做好入库记录。成品库应防雨、防潮、防霉变、清洁卫生，不能存放有毒、有害物品和其他易腐、易燃品。成品入库时应按批次号存放，不得混杂，每批次要有标识，标签应明确标明：生产日期、产品品种、数量、入库时间等。产成品是原粮加工的最终环节，最终产品，所以，产成品保管至关重要。产成品保管标准具体如下。

①按品种、等级存放。

②垫底、通风保管。

③加强“四防”措施，防霉、防鼠、防火、防盗。

④产品包装准确，商标、品名、产地、容量、保存期、出厂日期清晰，防止错包。

第九章　主要病虫害发生规律与防治

第一节　主要病害发生规律

西藏王生萍、王建鹏等研究认为，藜麦生长过程中各种病虫害也相继出现，且呈逐年加重趋势。目前，已报道的藜麦病害有壳二孢叶斑病、钉孢叶斑病或尾孢叶斑病、南美藜黑斑病、南美藜叶斑病、南美藜穗枯病、南美藜褐斑病、藜菌核病、南美藜叶霉病、南美藜霜霉病、黑秆病、病毒病、根腐病、炭疽病等，其中霜霉病和叶斑病对我国藜麦种植为害最严重；虫害有象甲、蛴螬、金针虫、地老虎、蝼蛄、金龟子、豆芫菁、小菜蛾等。藜麦受病、虫、雀危害严重，防治有一定困难。特别是对于藜麦不同的生长期及出现不同病虫害的特性进行防治，从种子处理、藜麦播种和藜麦生长期三个方面进行病虫害防治管理。

一、播前防治

在藜麦种植播种前，先用50%多菌灵可湿性粉剂1 000倍水溶液浸泡藜麦种子30 min后捞出，再用种衣剂包衣晒干待播。

二、播时防治

播种后3 d（藜麦幼苗顶土时）和出苗3 d后进行两次（根据虫情危害程度确定）药剂喷雾防治，以后视虫情危害程度再加防治。用毒死蜱、劲彪等防治甲虫和椿象，确保全苗。

三、生长期的防治

（一）虫害及其防治措施

李成虎、马维亮等研究认为，试验地使用药剂，为确保藜麦全苗，在播后尚未出苗前，喷施氯氰菊酯防治田间甲虫；出苗后10 d，喷施甲维·毒死蜱防治甲虫和椿象；在藜麦开花期加防一次，主要防治椿象类害虫。李成虎、马维亮等研究认为，在藜麦开花期喷施氰戊·马拉松防治椿象等。

（二）病害及其防治措施

1. 炭疽病

此病害主要为害叶片和茎秆，藜麦生长初期在叶片出现近圆形病斑后期逐渐发展成不规则形，严重时叶片上病斑密布，相互连接致叶片枯死，茎蔓染病初期为水渍状坏死，严重时致病以上的茎叶萎蔫枯死。宁夏绿峰源农业科技有限公司吴夏蕊、时磊等研究认为，藜麦炭疽病在我国少部分种植区发生，主要为害藜麦叶片和茎秆。叶片染病，初期呈现近圆形病斑，后期逐渐变大呈不规则形，受害严重植株叶片上病斑密布，相互连接，致叶片枯死；茎秆染病初期为水渍状坏死，严重时发病部位以上的茎、叶萎蔫枯死。

防治措施：宁夏绿峰源农业科技有限公司吴夏蕊、时磊等研究认为，防治该病可在播种前用50℃左右温水浸泡种子15 min，发病时及时清理并销毁病残落叶；也可用40% 福星乳油8 000倍液或40% 骏立克可湿性粉剂8 000倍液，每7~10 d 防治一次，连续防治1~3次。

2. 根腐病

贵州曹宁、高旭等研究认为，根腐病主要由真菌、线虫、细菌引起，主要为害植株根部，造成根部腐烂，导致水分和各种营养无法供应给茎叶，叶片发黑变黄，严重时植株枯萎、死亡。宁夏吴夏蕊、时磊等研究认为，此病害主要侵害根部，多从根尖开始侵染，使得植株根系呈褐色，并逐渐向上扩展，最终导致根系坏死腐烂。

防治措施：贵州曹宁、高旭等研究认为，藜麦根腐病的发生主要在每年的

7~8月，降水多，气候湿润，土壤透气性较差，病菌可快速侵入植株。要防治藜麦根腐病，就要在雨后及时排水，拔除病株，并在病穴撒生石灰灭菌，阻止其进一步蔓延；施肥时应用充分腐熟的有机肥，并以氮、磷、钾肥配合使用。发病时可选用98%恶霉灵可湿性粉剂2000倍液或用45%特克多悬浮剂1000倍液在植株的根部、叶面喷施，减缓病害，如根腐病为害严重，可用生命一号或甲霜恶霉灵灌根。

3. 霜霉病

藜麦霜霉病是一种世界各地均会出现的病害，在湿润种植区普遍发生。该病在我国多个藜麦种植区均有发生且为害严重。2018年，殷辉、周建波等人对我国“藜麦之乡”山西省静乐县藜麦种植区进行调研后发现，藜麦霜霉病除了使植株新老叶都感病外，还会导致叶片失绿萎蔫脱落，使籽粒空瘪，严重地块发病率高达95%，减产40%左右。同年，曹宁、高旭等人发现藜麦霜霉病使贵州藜麦种植区部分地块绝产。Choi 等和 Testen 等从植物生长特性和遗传分子等方面对比地理起源不同的霜霉病病菌时发现，不同种植区的藜麦霜霉病病菌种群不同。

藜麦不同品种感染霜霉病时症状不同，在安第斯山脉等藜麦种植区霜霉病表现症状为叶片有明显粉红色霉层，后期叶片枯黄、脱落、籽粒空秕，在部分品种上表现为黄色病斑。我国山西省藜麦种植区霜霉病症状表现为初期叶正面病斑形状不规则，淡黄色，病健交界清晰，有时在叶片上出现较少淡粉色或淡灰色霉层，至发病中期，叶片两面表现出不同症状，正面出现粉红色的病斑，背面为淡黄色并伴有霉层出现，发病后期叶片枯黄、掉落。叶片受损，进而影响光合作用，对藜麦的生产造成损失。贵州殷辉、周建波等研究认为贵州省藜麦霜霉病症状期初叶片发黄，进而变红。宁夏吴夏蕊、时磊研究认为，宁夏回族自治区藜麦种植区藜麦霜霉病症状表现为病斑初期呈小点，边缘不明显，后扩大成不定形状的病斑；病害由下向上扩展，干旱时病叶枯黄，湿度高时坏死腐烂，严重时整株叶片变黄枯死。

防治措施：藜麦霜霉病病菌传播主要通过雨水或风，温度高时更易感染发病。防治霜霉病时，完全根治比较困难，可通过筛选出抗性品种、选择合理的种植方式、进行营养管理、控制种植密度等方式进行防治。宁夏绿峰源农业科技有限公司研究发现，可通过降低田间湿度，依据田间需水情况进行灌溉；减少田间菌源，及时拔除侵染植株；采用药物，发病时选用50% 溶菌灵可湿性粉剂600~800倍液，或66.8% 霉多克可湿性粉剂800~100倍液喷雾，将药液喷到基部叶背面等措施进行防治。2017年，贺健元研究发现藜麦霜霉病发生也可用80% 烯酰吗啉水分散粒剂2 000~3 000倍液喷雾防治，还可用25% 嘧菌酯悬浮剂1 000~2 000倍液、80% 霜脲菁水分散粒剂2 500倍液、25% 精甲霜灵2 000~2 500倍液、霜霉威600倍液喷雾防治。

4. 黑秆病

在植株抽穗后，从茎基部开始发病，发病初期病斑为灰白色，发病后期病斑颜色加深至黑色，扩展为不规则梭形，严重时病斑扩展至整个植株，使整个茎秆变为黑色，植株枯死。贺健元曾对山西省出现的藜麦黑秆病典型症状的植株进行研究，发现引起藜麦黑秆病的病原菌为茎点霉（Phoma tabifica）。

防治措施：藜麦黑秆病借风雨传播为害，一般在雨后易积水的地势低洼处、种植密度大且长势较差的地段发病较重。可选用0.5% 甲霜灵、2.5%噁霉灵、60% 苯醚甲环唑、40% 醚菌酯、10% 氟硅唑对发病部位喷施进行防治。

5. 叶斑病

藜麦叶斑病在我国所有种植区均有不同程度为害。通过文献调研发现，引起该病的病原菌种类繁多，且症状无明显区别。1995年，旺姆、贡布扎西等人对南美藜病害进行调查发现，引起南美藜叶斑病的病原菌为藜叶点霉。藜麦叶斑病的症状为病叶出现圆形或近圆形病斑，直径1~4 mm，病斑边缘褐色，中央黄白色，上有小黑点着生，发病后期病斑中央穿孔。2015年，北京市植物站报道称引起北京延庆地区藜麦叶斑病的病原菌为藜钉孢。2017年，段慧对内蒙古藜麦种植区进行研究发现，引起该地区藜麦叶斑病的病原菌有3种，分别为交链格孢菌、细极链格孢菌、芸薹链格孢菌，感病初期出现黄色斑点，后期变为褐色或深褐色螺纹状，严重时病斑中央穿孔，病斑大小不一。2019年，段辉、周建波等人对山西静乐县藜麦叶斑病进行调查发现，山西省静乐县藜麦叶斑病病斑最先出现在植株中下部叶片上，后逐渐向上扩展；发病初期病斑呈圆形、近圆形，淡黄色；中后期病斑正面为浅褐色、灰褐色，表面稍隆起，上附着点状霉层，中央呈浅灰色并伴有褐色至暗褐色细线圈，周缘有黄色晕圈，直径3.9~7.6 mm，平均直径5.4 mm，严重时病叶变黄，易脱落。研究发现，引起该地区藜麦叶斑病的病原菌为尾孢属、藜麦尾孢。

防治措施：南美藜叶斑病主要在雨季发生。2017年，段慧选用70% 戊唑丙森锌、70% 甲基硫菌灵、99% 恶霉灵、75% 百菌清、20% 噻菌铜、25% 氟吗唑菌酯、26% 叶枯唑、10% 苯醚甲环唑共8种化学药剂对交链格孢菌、细极链格孢菌、芸薹链格孢菌引起的藜麦叶斑病进行化学防治，发现 8 种化学药剂对病原菌都有一定抑制效果，其中抑菌效果最好的是10% 苯醚甲环唑，其次依次为70% 的戊唑丙森锌、99% 恶霉灵、25% 氟吗 · 唑菌酯。2017年，贺健元曾研究发现，防治山西省藜麦叶斑病可用43% 戊唑醇3 000~4 000倍液、23% 吡唑醚菌酯1 500倍液、40% 苯醚甲环唑1 200倍液喷药防治；如果植株同时感染霜霉病、叶斑病、黑秆病，可以选择25% 吡唑醚菌酯乳油或25% 吡唑醚菌酯混合80% 烯酰吗啉使用。史海萍和郭晓风也曾报道防治藜麦叶斑病（未详细报道病原菌）可用霜脲锰锌（杜邦克露）100 g+ 脉植通75 g/667 m^2，兑水45 kg，避开高温时段，在叶面喷雾。2019年，张金良等学者应用多种杀菌剂筛选防治北京地区藜麦钉胞叶斑病的高效安全药剂，对多种杀菌剂在不同浓度下的防效以及对藜麦的安全性进行了田间药效试验，结果表明，所有药剂处理的防治效果均在60%以上，其中，每亩施用43% 氟菌肟菌酯悬浮剂15 g 和43% 戊唑醇悬浮剂60 mL 对藜麦钉孢叶斑病的防治效果最好，药后15 d 防效分别为84.1% 和81.9%。从防治效果、对藜麦安全性以及抗药性方面综合考虑，建议采用43% 氟菌肟菌酯悬浮剂和43% 戊唑醇悬浮剂交替使用防治藜麦叶斑病。

第二节 主要虫害防治方法

一、地下虫害

地下虫害有象甲虫、蛴螬、金针虫、地老虎、蝼蛄等。

二、地上虫害

有金龟子、豆芫菁、小菜蛾等。象甲虫、地老虎、蝼蚁等地下害虫在藜麦苗期进行为害，主要啃食幼苗的根茎部，使得幼苗枯萎。防治这些害虫，可在播种前每亩用辛硫磷颗粒剂5 kg或克百威掺农家肥进行防治，也可在田间撒毒土或投掷毒饵（用柳树幼嫩的叶片拌药）进行防治，切记直接撒施辛硫磷颗粒，这会对藜麦幼苗造成毒害。此外，蚜虫、红蜘蛛、灰飞虱等也会为害藜麦。豆芫菁、金龟子、小菜蛾等地上害虫在藜麦生长期主要为害叶片部分，啃食叶片，虫害严重时会吃光整片叶子。曹宁、高旭等研究认为，防治此类害虫时，可通过安装太阳能杀虫灯，利用成虫的趋光性来诱杀；也可用药物防治，将高氯·辛硫磷乳油、20%氯戊菊酯乳油、毒死蜱用水稀释1 500~2 000倍，在黄昏成虫集中活动时喷雾防治。防治蚜虫、红蜘蛛、灰飞虱等，在藜麦生长期可用48%毒死蜱与种子3：10拌种，或40%辛硫磷与种子2：5拌种，拌种后4~6 h种植；在开花前后可用1.8%阿维菌素3 500倍液或40%吡虫啉水溶剂1 500~2 000倍液防治。

第十章 藜麦的主要特点和用途

第一节 对藜麦的认识

藜麦（Chenopodium quinoa willd）又称藜谷、南美藜、昆诺阿藜、金谷子等，是苋科藜属一年生双子叶植物，在安第斯山地区已有超过7 000年的种植历史，是古印加民族的主要粮食作物之一。藜麦具有非常高的营养价值，其蛋白质含量在16%左右，高于水稻和玉米，与小麦相当，且人体必需氨基酸比例均衡，易于被人体吸收。同时，藜麦富含维生素B、维生素C、维生素E和矿物质，以及皂苷、多糖、黄酮等生物活性物质。除营养价值突出外，藜麦还具有耐寒、耐旱、耐贫瘠、耐盐碱等特性，对农业生态系统的可持续发展具有十分重要的意义。藜麦主要分布在南美洲的秘鲁、玻利维亚、厄瓜多尔和智利等国。本世纪以来，欧洲的英国、法国、意大利、土耳其、摩洛哥和希腊，非洲的马里和肯尼亚，北美洲的美国和加拿大，以及亚洲的印度和中国等国家均开展了藜麦的引种和试种。

我国曾在20世纪60年代由原中国农业科学院作物育种栽培研究所引进藜麦资源，但未开展相关研究。1988年，原西藏农牧学院对从玻利维亚引进的3份藜麦材料开展了引种观察试验。20世纪90年代初，西藏农牧科学院开展了大量的藜麦生物学特性评价、栽培育种技术及病虫害研究等工作。宁夏回族自治区种植藜麦是从2006年开始的。当时国家外专局提供了玻利维亚4个品种由宁夏农科院做了3年试验，由于品种对宁夏气候反应差异较大，引进的品种不对路，试验未成功，但总结出了一些种植经验，了解和认识了藜麦的一些基本特征特性。2008年以来，我国开始规模化种植藜麦，目前种植面积已接近40万亩，藜麦产业呈现出良好的发展态势。作者从引种筛选、栽培示范、生产加工和膳食营养4个方面对我国藜麦产业现状进行概述，以期为藜麦工作者提供参考信息，共同推动中国藜麦产业的发展。

第二节　藜麦的主要食用价值

一、藜麦籽粒的医疗实用价值

藜麦为碱性食物，具有均衡补充营养，增强机体功能，修复体质，调节免疫和内分泌，提高人体应激能力，预防疾病，抗癌，减肥，辅助治疗等功效，对心脏病、高血压、高血糖、高血脂等有很好的防治作用，长期食用藜麦有利于维持人体内的酸碱平衡，保持体质最佳状态。藜麦含有丰富的纤维素、淀粉等多糖；藜麦中含有天然植物雌激素，植物雌激素主要是异黄酮（类黄酮物质之一）活性成分，在临床上经常用来降压、降糖、降脂，以及预防心脑血管、动脉粥样硬化等疾病，尤其对乳腺癌、前列腺癌、绝经期综合征、心血管病和骨质疏松具有显著作用，同时对预防一些慢性病及妇科疾病效果显著。从藜麦中提取的阿拉伯多糖及果胶类多糖，可以治疗溃疡。

二、藜麦的食用保健价值

藜麦是一种全谷全营养完全蛋白碱性食物，除了直接食用以外还可用于各种食品加工的原材料，其中含有高达16%~22%的蛋白质以及9种人体必需的氨基酸，并且不含胆固醇与麸质，长期食用对人体健康有着较大的益处，同时藜麦还被古代印加人称之为“粮食之母”。藜麦不含胆固醇，在人体中的代谢时间较长，因而饱腹感持续时间较长，从而减少了对其他食物的摄入量，是目前国际市场上流行的减肥食品之一，也适合于作为糖尿病人的主食。

1. 脂肪

藜麦籽实中还含有对人体健康有益的不饱和脂肪酸，约占总脂肪含量的

85.25%，也可以作为优良的替代油料作物。基于以上优良特质，藜麦在我国的食品行业作为一种特色杂粮而有力地占据了市场，各种藜麦产品也不断涌现，比如藜麦片、藜麦糊、藜麦饼、藜麦面粉、藜麦面条、藜麦南瓜粥、藜麦饼干等等。

2. 蛋白质、氨基酸

藜麦的蛋白质含量为16.6%，高于玉米、小麦和水稻等主粮。蛋白质含量高并且含有完全蛋白质（动物性蛋白质），其完全蛋白含量高达16%~22%，且含有清蛋白与球蛋白，消化率和功效比值均较高。其中含有丰富的氨基酸，以谷氨酸、精氨酸和AGRICULTURAL TECHNOLOGY & EQUIPMENT天冬氨酸的含量最高，内含9种人类无法合成的必需氨基酸，比例均衡、配比合理、易于吸收，而赖氨酸限制性氨基酸含量高达0.8%，优于传统谷物籽粒中的含量。尤其含有一般谷物缺少的赖氨酸、组氨酸和蛋氨酸。

3. 脂类含量和淀粉占比

藜麦籽粒脂类含量为1.8%~9.3%，多为不饱和脂肪酸；淀粉含量为38%~61%，支链淀粉所占比例高于直链淀粉，糊化温64℃左右。

4. 维生素和矿物质

藜麦含多种维生素、不饱和脂肪酸、类黄酮、维生素E、维生素B、亚麻酸、亚油酸、DHA、RAR等物质，对增强体内细胞的抗氧化性、提高智力和记忆力具有一定的功效。藜麦富含锰、钾、铁、钙、镁、磷、硒、铜等多种矿物质。矿物质是维持身体正常代谢以及体内酶的重要组成部分，有效保证了身体各个组织的正常运转，并增强免疫力和应激能力。

第三节　藜麦食品的开发价值

一、食用开发价值

（一）菜肴类

藜麦可与其他食物制作各种食品，如搭配其他食材制作特色菜肴。可将藜麦单独煮熟后再与其他食材烹饪，例如：海参浇藜麦、藜麦扒鲍鱼、藜麦水果沙拉、藜麦红枣南瓜粥、藜麦糕、藜麦鳕鱼等。还可煮汤，藜麦有清香味道很适宜与其他材料做汤类。例如：藜麦鲍鱼汤、藜麦菠菜番茄汤、藜麦草菇汤、藜麦鸡丝汤、藜麦番茄牛尾汤等。

（二）主食类

藜麦的种子可以像小米一样直接煮食，还可以磨制成粉制作各类面食，还可以做汤；另外，藜麦的嫩叶和嫩芽也可以当蔬菜食用，可做成营养丰富的沙拉。藜麦符合人类对食品安全、健康、营养、天然的需求，自2005年以来，已经成为国际上炙手可热的时尚健康食品了。需要注意的是，由于过多加工会损失藜麦珍贵的营养，为了保全更多营养，成品藜麦尽量减少加工工序。作为主食，藜麦易熟口感好，可以和任何食材搭配。除作单一的藜麦饭外，可混合其他谷物一起食用，例如：藜麦小米粥、藜麦大米粥、藜麦大米焖饭、白面藜麦饼。藜麦属于易熟、易消化食品，口感独特，有淡淡的坚果清香或者人参香，具有均衡补充营养，增强机体功能，修复体质，调节免疫和内分泌，提高机体应激能力，预防疾病，抗癌，减肥，辅助治疗等功效，适于所有群体食用，尤其适于高血糖、高血压、高血脂、心脏病等慢性病，以及婴幼儿、孕产妇、儿童、学生、老年人等特殊体质人群。长期食用，效果显著。

（三）饮品类

将藜麦打成米糊或者浆后，经配制的饮品非常可口，例如：藜麦浆与各类水果混合成果汁饮品，或者做成藜麦豆浆等。如果将藜麦炒熟成金黄色出来香味，杯子里放几勺用开水冲饮，每日饮用强身健体。

（四）加工类

目前，我国市面上藜麦的加工产品主要有：藜麦粉保健品、藜麦八宝粥、藜麦苹果汁以及藜麦发酵的白酒等。近年来，国际市场上的藜麦新产品不断涌现。2011年，法国一有机食品店内销售的藜麦产品就有13种，如表10-1所示。

表 10-1 法国蒙彼利埃某有机食品店藜麦产品目录

产品	包装规格
藜麦米（单个或多个品种混合）	1kg 或散装
掺和其他粮食产品的藜麦米（如扁豆）	1kg
藜麦粉（纯藜麦粉或混合其他不含谷蛋白的谷物粉）	500g
风味饮料	1L
藜麦芽菜	200g
藜麦沙拉（冷藏，即食）	160g
藜麦玉米饼（加热，即食）	350g
藜麦面条（多种谷物混合）	250~500g
预煮藜麦（用于早餐或汤）	250g
蜂蜜藜麦爆米花	250g
牛奶什锦早餐	250g
预煮藜麦片（用于早餐）	250g
番茄汤增稠剂（即食）	60g

二、工业开发价值

藜麦中含有丰富的维生素、离胺酸等成分，而维生素 B_1可以减缓肌肤干燥，离胺酸可以使肌肤变得紧致有弹性。因此，藜麦可用作化妆品原料中，如口红、洗发水、身体乳等。目前，已有多种多样的藜麦系列的保健产品见于市面。另外，藜麦中的皂苷具有广泛的药理作用和生物活性作用，如免疫作用、表面活性作用、抑菌、抗肿瘤作用、防治心血管疾病等。食品天然甜味剂、保护剂、发泡剂、增味剂、抗氧化剂等。

三、农用开发价值

Lucimara 等研究认为，藜麦的种子及其他部分含20.0~60.0 g·kg^{-1}皂苷（saponin）类次级代谢产物。这些皂苷及其衍生物对人体无毒，可以成为安全的农用杀虫或驱虫剂，用作有机农药杀血吸虫（杀软体动物）；还可用作农用饲料、润湿剂和根生长剂等。另外，藜麦茎秆可以作为动物的绿色饲料，无毒无害，且营养丰富。

四、药用开发价值

Lucimara 等研究认为，从藜麦中提取的阿拉伯多糖及果胶类多糖可以治疗溃疡。另外，藜麦中含有天然植物雌激素，植物雌激素主要是异黄酮（类黄酮物质之一）活性成分，在临床上经常用来降压、降糖、降脂，以及预防心脑血管、动脉粥样硬化等疾病，尤其对乳腺癌、前列腺癌、绝经期综合征、心血管病和骨质疏松有显著作用。可治疗骨折：将藜麦磨成粉泡在酒里24 h，调成膏状，将藜麦膏直接涂于骨折处，用石膏固定，治疗骨折效果很好。

第四节　藜麦的其他开发利用价值

一、藜麦芽菜的开发利用价值

研究表明苗期藜麦叶营养较为丰富，特别是矿物质、维生素的含量均高于一般食用的叶菜类蔬菜，且苗期藜麦不含有皂苷类物质，符合膳食推荐的标准。藜麦叶比根菜类蔬菜和叶茎类蔬菜的蛋白质、脂肪含量高，纤维素含量与叶茎菜类似。而赵清岩、赵海伊等研究表明菠菜、小白菜中的维生素 C 含量为55.25 mg/100 g、1 mg/g，这说明藜麦叶的维生素含量高于小白菜，低于菠菜。虽然藜麦叶的蛋白质、脂肪等营养成分含量不及藜麦籽粒，但也不低于日常食用的叶菜类蔬菜，且矿物质含量高，因此藜麦叶具有较高的开发利用价值。

二、藜麦秸秆的开发利用价值

藜麦秸秆粉碎后加工成特殊的颗粒，是牛羊的优质饲料。而藜麦籽粒本身的饲用价值比较高，主要是用藜麦代替苜蓿草作为优质的饲草，丰富的蛋白质含量还能够替代玉米等高碳饲草，不仅可以满足牛羊等动物生长基本的物质需求，而且藜麦秸秆成本较低，应用前景广阔。

三、藜麦旅游观赏价值

藜麦成熟期色彩艳丽，可作为原生态农业，为旅游观光增加一道亮丽的风景。梯田种植，五颜六色的田园景观，对乡村振兴科技引领发展区域旅游、开发美丽乡村带来极大的发展空间。

四、藜麦生态价值

主要为生态荒地植被恢复价值。作为乡村边缘地带，往往杂草丛生、荒芜，种植藜麦可从根本上解决这个问题。宁夏南部山区干旱缺水、种植藜麦可充分利用其抗旱、耐旱、耐瘠薄、适应性广等特点，在山坡地、庭院、丘陵、沟壑、荒坡等地种植，对减少水土流失、保护生态环境意义重大。

第五节　宁夏藜麦的营养品质

一、主要营养特性

马维亮、李成虎等研究认为，宁夏藜麦是优质高蛋白碱性食物，低糖低脂，不含麸质，高膳食纤维，胚乳占种子的68%，且具有营养活性因子，蛋白质含量高达14%~22%，品质和奶粉及肉类相当，富含多种氨基酸，其中有人体必须的9种氨基酸，比例完美易于吸收，尤其富含植物中缺乏的赖氨酸。与其他粮食作物相比，不饱和脂肪酸，B 族，E 族维生素等有机化合物含量均较高，矿物质营养中锰、钾、铁、钙、锌、镁、磷等含量丰富，膳食纤维素含量达7.1%，胆固醇为零，低脂，低热量，低糖，几乎是人类最适合的膳食食物。未加工的藜麦籽表面有一层水溶性的皂角苷，因此食用前需要用水浸泡后反复冲洗几次，以免有涩味。市场销售的优质藜麦籽粒是已经清洗过的，没有皂角苷。（皂角苷是一种植物糖苷，味稍苦涩，中医认为皂角苷具有抗菌的活性和解热、镇静、抗癌等作用，是很昂贵的保健品）。

二、中高端时尚食品

1980年，NASA（美国国家航空航天局）在寻找适合人类执行长期太空任务的受控生态生命支持系统（CELSS）粮食作物时，发现了藜麦，对藜麦做了非常全面的研究，发现其具有极高而且全面的营养价值，在植物和动物王国里几乎无与其匹敌之物，蛋白质、矿物质、氨基酸、纤维素、维生素等微量元素含量都高于普通的食物。最重要的是藜麦是粮食作物中稀有的未进行遗传改良的古老物种，对宇航员来说不仅仅是健康食品而且是安全的食物。NASA将藜麦列为人类未来移民外太空空间的粮食。联合国粮农组织（FAO）研究认为藜麦是唯一一种单体植物即可满足人体基本营养需求的食物，正式推荐藜麦为最适宜人类的完美的全营养食品，列为全球十大营养食品之一。于是发达国家高收入人群逐渐食用，目前最大消费国为美国和加拿大，欧洲市场后来居上，日本、韩国及台湾地区也已有藜麦粉等深加工产品销售。目前中国一部分人也开始食用藜麦，主要是沿海城市孕妇、产妇、婴幼儿和老人。

三、价格比普通的粮食昂贵

藜麦主要分布在南美洲的玻利维亚、厄瓜多尔和秘鲁，最佳食用的品种主要种植在安第斯山区降水量在300mm以下地区。藜麦的亩产量不低，种植也不困难。问题在于全球适合藜麦生长的地域太少，故全球藜麦的总产量很有限。现在随着人们对藜麦的逐步了解，对藜麦的需求大增，供不应求。自2000年至2008年间，玻利维亚的藜麦批发价飙升了7倍，有的国家目前虽然试种成功，但花费惊人。

藜麦之所以昂贵的另一个原因是其独特的营养价值，正如我们身边的海参、人参等营养价值高的食品一样，藜麦也并不是吃的越多越好，而是要适量，每天50 g即可满足人体的基本营养需求。它是唯一一种单体植物即可满足人体基本营养需求的食物，也就是说藜麦的营养和人体需求完全匹配。

四、普通家庭使用方法

（一）维护体内酸碱平衡

中国人有早上熬粥的习惯，用大米、小米熬粥时加入两匙食用藜麦，每周2～3次，即可起到养生保健作用，特别适合中老年人群和糖尿病患者。科学研究表明：现代社会我们需要食物的酸碱平衡，身体中酸碱不平衡会导致情绪不稳定，同时也会影响身体健康。我们需要蛋白质类的食物，我们也需要用一些碱性食物跟它平衡。非常有趣的是，通常喝的咖啡、茶、酒、烟等都属于酸性。甚至或多或少的运动也会加重体内酸性。食用藜麦可起到维护体内酸碱平衡的作用，保持健康体质。全球适合藜麦生长的地域太少，总产量有限总需求逐年增多，供不应求，种植过程中的许多栽培问题还很难解决，种植成本较高，产量低，所以比普通糜谷价格高。另一方面是其独特的营养价值被越来越多的人所认识和了解，吃的人越来越多，但随着我国科技人员的努力，藜麦种植面积会越来越大，产量会越来越高，价格会自然降下来。

（二）搭配食用营养齐全

藜麦这种粮食，属于中性食物，不寒不燥。在食用方法方面，既能作为主食单独食用，又能与各种食材一起搭配，无论是其他种类的粗粮、蔬菜、水果、坚果，或是肉类，都能与之“融洽”，在食物安全方面不会构成相克或冲突，营养齐全，食疗功效佳，而且口感良好，据目前营养专家测定，藜麦可以和任何食材搭配食用。

五、藜麦米的特效作用

（一）助力减肥

藜麦是南美洲从古至今的重要主食，它含有的膳食纤维是精白米的10倍，能够助力减肥。藜麦中不仅含有丰富的维生素和矿物质，同时还含有人体所需的所有必需氨基酸，与其他谷类相比不但营养价值更高，而且能量含量也更低，饱腹感强，不显饿，是减肥人群的最佳选择。

（二）藜麦的膳食用途

与马铃薯一样，藜麦是前印加时期安第斯人的主要食物之一。传统上，人们将藜麦粒烘焙后制成面粉，并烤制出不同种类的面包。它也可以添加到汤中，用作麦片、面食，甚至发酵后制成啤酒或传统饮料，藜麦烹制时有坚果的香味。藜麦属于易熟食物，可以减少做饭的时间，是工作繁忙人士的首选，还可以节约能源。藜麦属于易消化食品，食用价值高，食用方法简单，口感独特，熟后有坚果的清香，咀嚼时有轻微嘎吱声音，儿童非常喜欢，还可增加儿童食欲。还具有均衡补充营养、增强免疫力、修复体质、预防疾病、抗癌、减肥、辅助治疗等功效，适于所有群体食用。

（三）最佳前景

藜麦蛋白质含量比其他粮食作物都高，而且氨基酸组成与人体需求很接近。在植物中，只有大豆有类似的特点，但大豆的高脂肪低淀粉并不适合作为粮食。除了蛋白质方面的优势，另外，藜麦的矿物质、维生素、膳食纤维等其他方面也能满足人体的营养需求，不含胆固醇，食用后不会在有机体中形成脂肪，更不会造成体重增加，食用后饱腹感持续时间长，是目前国际市场上公认的减肥食品之一。

目前，科技部、农业农村部已经将藜麦引种列为国家项目，在我国20多个省区引种试种，并取得初步成功。据相关权威专家预测用不了几年，藜麦会普遍出现在普通老百姓的餐桌上。我国目前已呈现出品质、绿色、个性化消费趋势，藜麦独特的营养价值，是满足这种趋势的最佳选择；我国人口众多，近年来随着人口的不断增长及购买力的逐步提升，发展高营养低成本的食物是解决粮食供求问题的一个重要途径。发展藜麦产业化特别是减少山区、贫困地区的营养不良状况及多元化结构调整意义重大。

第六节 藜麦的膳食做法

藜麦最普通的做法就是熬粥、蒸饭、打豆浆，但在美食家、大厨、营养师的手里会千变万化，有西式沙拉、日式寿司、越南春卷、港式面包、北方水饺，还有养生汤品、炖品等等。最具宁夏特色的是与大米、面条一起制作，以精品牛羊肉高汤为汤汁，配少量牛羊小肉块和排骨，炖成浓汤米烂肉鲜嫩的米调和饭。其他做法也可掺入适量的宁夏盐池滩羊肉调制，营养更加均衡。

一、膳食用途

（一）类同与谷物

与小麦一样，传统上人们将藜麦粒制成面粉，烘焙出不同种类的面包。也可以添加到汤中，用作麦片、面食，甚至发酵后制成啤酒或传统饮料。藜麦属于易熟易消化食品，食用价值高、口味独特、食用方法简单，藜麦虽然属藜科，但是食用方法基本类同普通谷物，把藜麦看作特殊谷物来烹饪，常出现在大人以及婴幼儿丰盛的早餐粥品中。美国常见吃法通常是四杯水对一杯藜麦，再加入其他的五谷杂粮，早餐则加上蜂蜜、杏仁和莓果。藜麦很适合搭配略有苦味的蔬菜（如甘蓝菜），可以覆盖苦味。在谷物和新鲜蔬菜沙拉中藜麦也是理想的原料。

（二）饱腹感更强

干重量之下藜麦的不可溶膳食纤维有12%~14%，而我们常吃的大米和小米中纤维含量只有1%~2%，藜麦是它们的十几倍。所以对于减肥、健身人群来说，吃藜麦会更有饱腹感，摄入得比平时热量还低的时候，肚子就不饿了，而且营养摄入也要更为全面。

（三）带有植物清香

藜麦作为一个不是谷物但优于谷物的食材，其实它的吃法也不复杂，只要煮熟了就能吃。它本身只带有一点植物的清香气息并无其他怪味，所以搭配上也是十分广谱的，最简单便捷的吃法就是跟大米或其他杂粮一起蒸饭或煮粥，既可以丰富主食的营养，也可以增加饱腹感而少摄入一些热量。而藜麦用于烹饪制作一些菜肴或者饭菜合一的食物也是不错的选择。

（四）富含矿物质

藜麦不仅含有动物界才具有的完全蛋白，其蛋白质的平均含量为22%，还富含铁、锌、镁、钙等矿物质。作为植物加上0胆固醇等特色，食用后能显著降低血液黏稠度，增加胰岛组织 β 细胞活性的特点，是素食者、孕产妇、糖尿病人的佳选，同时也是大米、小麦等谷物的优质替代品。需注意的是，藜麦米籽粒的重要营养核心——胚芽，精华营养占比极高，且具有活性，在烹饪过程中，过多的加工会破坏胚芽的完整性，损失珍贵的营养。因此，建议在烹饪藜麦时，尽量减少深加工工序，不要过分处理。

（五）富含氨基酸

藜麦品质和含量可与奶粉及肉类媲美，这种成分在许多植物中都是缺乏的。赖氨酸是人体所必须的一种营养物质，能够参与合成免疫抗体、消化酶、血浆蛋白、生长激素等人体蛋白，可以提高智力、促进生长、增强体质、改善营养不良状况、改善失眠等。藜麦中含有丰富的粗纤维，含量几乎是糙米、燕麦和其他谷物的两倍，能够减少多余的雌性激素，从而帮助平衡女性的荷尔蒙，有助孕的功效；粗纤维能够促进胆固醇排出，抑制脂质吸收，对于高血脂人群也有帮助。

（六）纤维含量低

藜麦膳食纤维含量比燕麦片低，可适当地作为早餐主食食用。膳食纤维较高零胆固醇，所以不加蔗糖，适合减肥者食用。

（七）升糖指数低

藜麦米升糖指数非常低，仅为35，可降低消化吸收率，有助控制血糖，效果优于白米饭，适合三高族食用，糖尿病人完全可以把它作为主食食用。

二、家常做法

（一）拌菜

藜麦熟后软糯有嚼劲，口感非常好，可将藜麦拌在蔬菜、沙拉、牛奶中。

（二）煮粥

煮粥时放点藜麦，既可增加粥的营养，又嚼起来滋滋的香味美，口感非常好。

（三）面食

做馒头、包子、面条时都可加入藜麦，既增加营养又不影响口味。

（四）拌饭

炒饭或煲饭时加点藜麦，可实现营养互补，并且美味又促进食欲。

（五）焖饭

焖的时间约为10~15 min，令其膨胀、变透明后即可使用。

（六）混合食用

藜麦可混合其他五谷杂粮一起食用，蒸煮时间与五谷杂粮时间相同。提前把藜麦和糯米淘洗一下，用清水浸泡，香菇同样提前泡发，然后把腊肠上锅先蒸熟；腊肠蒸熟之后切成小碎丁，洋葱、香葱、香菇切丁备用，把藜麦和糯米放入

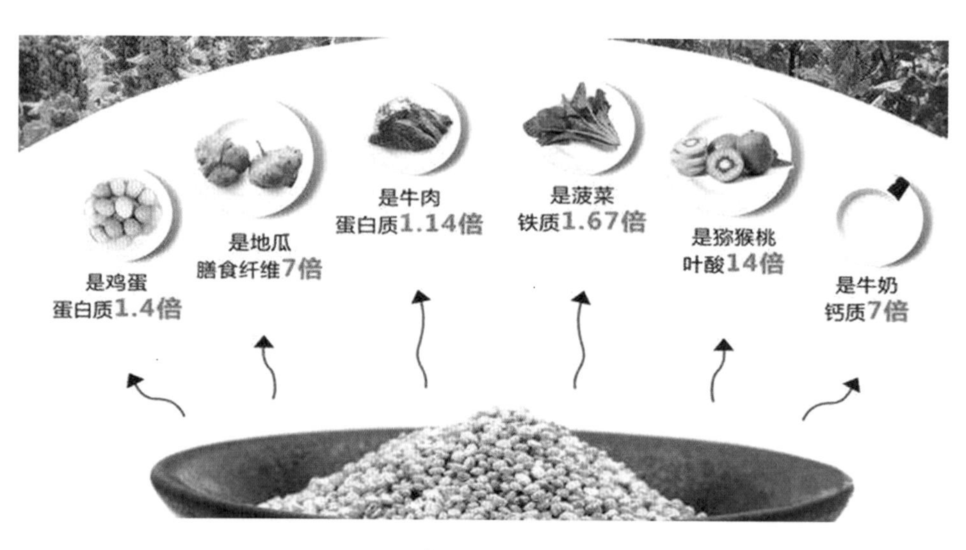

藜麦混合食用

电饭锅蒸熟；炒锅下一点油烧热，爆香洋葱碎，下腊肠和香菇丁翻炒，烹入一点点料酒继续炒，酒气挥发出来之后，把蒸好的糯米和藜麦倒进去炒匀；下盐调味，撒点葱花激发香味，炒匀关火之后放到不烫手的程度，带上手套团成一个个藜麦糯米饭团即可食用（作为上班时候的外带健康午餐，营养丰富，颜值又高）。

（七）其他做法

其他吃法更简单，比如把藜麦蒸 / 煮熟之后撒上各种沙拉，或者是加入面团里烤面包或者蒸杂粮馒头都可以。藜麦有清香味道，很适宜与其他材料做汤类。将藜麦炒成金黄色，有香味出，杯子里放一勺用开水冲饮，每日一杯强身健体。可与水果混合做鲜榨果汁，可在做豆浆时加入藜麦，可做配菜。总之，每人每天最低食用藜麦在50g 左右，即可提供人体一天营养的基本需求，食用前清水浸泡2h 后藜麦就开始萌动，这时的藜麦营养活性最强。藜麦食用配比1：3（即1份藜麦搭配3份大米进行食用）。

藜麦饭团

三、藜麦的正确吃法

（一）藜麦米饭

将藜麦米搓洗几遍后开始烹饪，若想要做成“干饭”的效果，那么建议往藜麦里加入少量水，稍稍没过藜麦表面即可（比例：藜麦：水为1.5：2）。烹煮15~20 min，直至籽粒成透明状、圆鼓、冒出白色小圈圈（胚芽），即代表已熟透，可食用了。在大米中添加30%~60% 藜麦米即可食用；如果想要色彩丰富一些，我们可以加些配菜，如：鸡块、土豆、洋葱等，在锅中放入你喜欢的配菜炒香，

藜麦米饭

加水直接放入藜麦米，撒上调料，15 min 后焖熟即可出锅。营养价值：藜麦米是唯一可以满足人体对食品营养需求，搭配各种蔬菜既营养又好吃，做起来还很简单，是我们一日三餐中最方便且容易上手的美食。

（二）藜麦粥

单独放藜麦米大约煮12~18 mim可食，稀稠软硬根据个人口味而定；也可以加一些辅料，如黑米、红豆、小米等等，但一定要在最后15 mim放藜麦米，因为藜麦米易熟，如果煮的时间太久，容易破坏藜麦米本身的营养。煮粥时，在开水中煮沸约15 mim，令其膨胀、籽粒变半透明后即可食用。焖饭时火力不宜太大，如使用电饭煲，水量要稍多些。藜麦米中含有多种维生素与矿物质，是唯一一种单体全营养食物，搭配各种不同食材熬煮，会有不同的功效，如藜麦八宝粥有补铁、补血、养气、安神等功效。

藜麦粥

（三）与水果或谷物食用

例如：藜麦水果粥、藜麦燕麦粥、藜麦小米粥、藜麦大米粥等（就是在做白米粥时，放入一把藜麦，可以大大降低食用者的餐后升糖指数）。

四、其他菜肴做法

搭配其他食材制作特色菜肴，一般将藜麦单独煮熟后再与其他食材烹饪，例如：藜麦水果沙拉（营养减肥餐）、藜麦蒸肉、藜麦蔬果菜肴（养颜排毒）、藜麦糕、藜麦鳕鱼，也可以将藜麦发芽后配合其他食材食用，营养更高。

（一）藜麦沙拉

1. 藜麦南瓜沙拉

藜麦（50g）、南瓜、各式生菜、红椒、黄椒、水萝卜、小番茄、干果碎。南瓜切片，蒸熟或者烤熟，视厚度不同可能需要15~20min，放置晾凉；藜麦淘洗干净放入锅内，加水煮15min左右，滤出晾凉；红椒、黄椒切丝。小番茄对半切开；水萝卜切成细薄片；用生菜叶子打底，然后放上各种食材，淋上柠檬汁与盐，加上少量橄榄油，拌匀即可食用。

2. 藜麦水果沙拉

将藜麦米在锅中煮熟，沥干水分，将喜欢的水果去皮切丁（可放自己喜欢的蔬菜，需要提前在锅中煮熟），倒入煮好的藜麦米，淋入酸奶即可。当然，如果不喜欢酸奶可以用沙拉酱代替。藜麦水果沙拉低脂、低热量富含维生素、果胶及多种营养素，而被人们奉为最具营养的减肥圣品。

藜麦水果沙拉

（二）藜麦煮汤

藜麦有清香味道，很适宜与其他材料做汤类，还可去除鱼类及肉类的腥味。例如：藜麦冬瓜汤、藜麦海参汤、藜麦草菇汤、藜麦鸡丝汤、藜麦南瓜汤、藜麦番茄汤等。

藜麦煮汤

（三）藜麦甜品

藜麦甜品

藜麦米不仅仅可以做饭，也可以做甜品，比如椰汁藜麦芒果捞、藜麦冰激凌等。将喜欢的水果切成丁，和藜麦米交错放入杯子中，加入适量椰浆和冰牛奶，一道简单的椰汁藜麦水果捞就做好了。夏天，经常看到有些家庭用椰浆做椰汁西米露，若家中没有西米，可以用藜麦米来代替，熟制后冰镇过的藜麦有一种淡淡的、迷人的坚果清香，口感很好。

（四）藜麦豆浆

这个是相对比较简单的做法，可用藜麦米加黄豆直接打豆浆，也可加入适量的五谷杂粮，如黑米、花生、红豆、黑豆等等。众所周知，豆浆百利而无一害，藜麦米和五谷杂粮做成的豆浆非常浓香，一股人参的香味，营养还丰富。

藜麦豆浆

（五）藜麦面食

在面粉中加入20%~40%的藜麦粉可制作面包、点心、面条、馒头等面食。添加了藜麦粉的面粉，不仅营养健康，吃起来还有点淡淡的坚果清香，味道真的不错，如果用它做面包，绝对是一款超级正能量的早餐。

藜麦面食

（六）藜麦茶

首先将藜麦米在锅中炒香，之后再炒红枣，（可以把红枣换成自己喜欢的配料，如枸杞），最后在锅中放入适量的水，小火熬煮，一碗热茶就做好了。

藜麦茶

（七）特色菜肴

藜麦还可搭配其他食材制作特色菜肴。例如：藜麦海参，可将藜麦发芽后配合其他食材食用，营养更高。

五、食用佳品

（一）有助于儿童大脑发育

藜麦作为植物却含有动物界才具有的完全蛋白，是非常少见的。完全蛋白属于一类优质蛋白，它们所含的必需氨基酸种类齐全，数量充足，比例适当。蛋白质含量平均为16%（最高可达22%，目前市场上销售的纯牛奶标注的蛋白质含量为每100ml含3g），而且藜麦中富含人体必需的8种氨基酸和婴幼儿必需的1种氨基酸，尤其值得一提的是藜麦赖氨酸含量很高，赖氨酸是人体组织生长及修复所必需的，有助于儿童大脑发育。

（二）有助于免疫力提高

藜麦营养均衡，含有人体自身不能合成的9种必需氨基酸，氨基酸的平衡和适量的供应是人体健康的基本前提，任何一种氨基酸供应缺乏，都会影响免疫系统和其他正常功能的发挥，使人处于亚健康状态，变得比较容易遭受疾病的侵袭，免疫力降低。

（三）有利于儿童骨骼发育

藜麦的钙含量很高，是小麦的4倍，这有利于儿童骨骼及牙齿的健康发育。

（四）有利于控制体重

当今儿童食用高热量、高脂肪速食食品太多，造就了许多小胖墩，食用藜麦有利于营养均衡，控制体重。

六、婴幼儿添加辅食的最佳选择

（一）主要原因

1. 藜麦不含麸质

可供麸质过敏人群食用，尤其适合患有小儿乳糜泻的幼儿。对于刚吃辅食的婴儿来说，藜麦是很不错的选择，既可减少对辅食的不适应性，减少腹泻、湿疹、奶癣的发生，还能提供全面的营养。

2. 藜麦是一种纯天然粮食

表面含有皂角苷，害虫不吃，所以无需担心农药残留，无需担心激素、抗生素、三聚氰胺等对孩子身体的危害。

3. 藜麦口感独特

咀嚼时有轻微嘎吱声音，儿童非常喜欢，有利于增加儿童食欲。

4. 藜麦有韧劲

有利于刺激儿童的牙床，促进牙齿发育，使牙齿排列整齐，糊状辅食如果孩子用吸管吸食，容易造成牙齿的排列紊乱，影响美观。

（二）制作方法

①可将藜麦和大米一起用豆浆机打制米糊，放入蜂蜜，味道甜美清香。

②可加入葡萄干、核桃仁等干果与藜麦一起煮，水开后煮10~12 min 立即停火，这时的口感最香。

③藜麦籽粒表面有一层可溶性的皂角苷，中医认为皂角苷具有抗菌的活性或解热、镇静、抗癌等作用。

④建议食用前清水浸泡一会儿，这时的藜麦营养活性最强。

七、藜麦是一种减肥佳品

①藜麦本身是一种减肥佳品，有利于产妇身材的恢复。

②藜麦营养丰富均衡，可以提高奶水的质量，不必为保证自身和奶水的营养而摄取过多的食物导致体形肥胖。

③藜麦中的植物雌激素有抗氧化的作用。

④藜麦有丰富的亚麻酸，这种必须的脂肪酸对人体免疫机能的提高非常有益。其为低热量、低脂肪、零胆固醇。

⑤藜麦是一种完全蛋白全营养食品，这意味着每餐只需食用少量的藜麦即可保证健康，相当于在节食的同时可以同样获得足量的矿物质及富含各种营养物质及维生素维持机体健康，而不产生脂肪的堆积。

⑥藜麦含优质的高纤维碳水化合物，高纤维碳水化合物消化得比较慢，这就意味着不需要整天想着吃一些不允许的食品，基本上可以不再忍受食用低卡路里食品导致的饥饿痛苦。

⑦食用藜麦有饱腹感，食用藜麦后，由于藜麦经过蒸煮后体积增大3~4倍，感觉比食用标准的减肥食品更饱，而不会有饥饿感。

八、富含微量元素

藜麦中富含镁、锰、铁、钾、锌、钙等微量元素，这些微量元素参与300多种酶的活动，而其中一种酶参与体内葡萄糖的利用及胰岛素的分泌，研究证实，规律性地食用藜麦会减少糖尿病的发生。

（一）镁

藜麦镁元素含量高，镁可阻止心血管组织对有害因素如铅、镉等元素的吸收，从而达到保护心血管的作用。镁可促进基因表达，使人年轻。动物实验证明，摄入足够的镁，可使血清胆固醇下降，并能改变血脂成分的比例，这也可能是镁治疗心血管疾病的有效因素之一。

（二）锰

藜麦与常见粮食相比锰的含量是最高的，在世界最健康的十种食品中，锰的含量评价是“极优”。锰是一种矿物质元素，是一种非常重要的抗氧化剂，参与人体的多种生化代谢过程；锰对再生系统非常重要，特别是怀孕期。1/4杯藜麦就可以提供成人一天需求的50%锰。

（三）铁

藜麦铁元素含量很高，是小麦的4～100倍。铁元素是人体健康不可缺少的微量元素，经常食用可以预防缺铁性贫血，还有利于淋巴组织。

（四）钾

藜麦钾元素含量很高，钠的含量却只有小麦的1/8，符合低钠高钾健康饮食习惯。钾是维持生命不可或缺的必需物质。钾可治疗和预防高血压，还有保护血管的作用。血液中缺钾会使血糖偏高，导致高血糖症。另外，缺钾对心脏造成的伤害最严重，缺钾是人类因心脏疾病致死的最主要原因。藜麦可以缓解血管压力，每日以藜麦作为早餐可以减少心脏病的发生。

（五）锌

藜麦富含锌元素，很多谷物中几乎不含锌。锌是健康生长和发育所必需的，促进神经和大脑组织生长，提高机体免疫力，促进伤口或创伤的愈合。尤其在儿童生长阶段，对锌的需求很旺盛。

（六）钙

藜麦的钙含量很高，可缓解高血压、经前期紧张综合征，对骨质疏松症有一定治疗和预防作用。

（七）铜

藜麦铜元素含量高，是小麦的9倍。铜有解毒作用，超氧化物歧化酶可使机体内有毒性的超氧化物迅速分解，超氧化物歧化酶还对人体抗衰老、防止皮肤老化等有重要作用。

九、抗癌作用

（一）含有天然植物雌激素

植物雌激素其实本身不是激素，主要是异黄酮活性成分。植物雌激素对乳腺癌、前列腺癌和结肠癌都有预防作用。

（二）预防和治疗作用

植物雌激素具有雌激素激动剂和阻断剂效应，对于妇女绝经后因雌激素减少引起的一些疾病以及激素相关疾病有较好的预防和治疗作用。

（三）减少毒素吸收

含有较丰富纤维素，含量7%，其中可溶性纤维素占36%，不可溶纤维素占64%。具有促进肠道蠕动、利于粪便排出等功能，减少毒素吸收，有效预防直肠癌的发生。

（四）保障餐后血糖水平不会升高太多

藜麦升糖指数低，铜对于已经患有二型糖尿病的人来说，藜麦依然是最佳选择，藜麦含优质的高纤维碳水化合物，高纤维碳水化合物消化缓慢，可以保障餐后血糖水平不会升高太多，藜麦的升糖指数仅仅为35（低升糖食物标准值是40），是大米的1/2，几乎是所有谷物里最低的。

（五）降低体内胆固醇的含量

藜麦中富含植物雌激素，对心血管系统具有良好的保护作用。如异黄酮与ER 结合后，可以降低体内胆固醇的含量，减少心血管疾病如高胆固醇血症、动脉硬化病变等的发生。植物雌激素具有雌激素激动剂和阻断剂效应，对于妇女绝经后因雌激素减少引起的一些疾病以及激素相关疾病有较好的预防和治疗作用。

第十一章　关于藜麦成为主粮补充的几点思考

第一节　宁夏藜麦发展要向青海看齐

“近年来，全球气候变化严重影响了农业生产。中国拥有约1.35亿 hm^2耕地，其中7% 受盐碱化影响，相当于在用7% 的耕地养活22% 的中国人，如何在红线外争取更多土地种植粮食，对中国粮食安全至关重要。因此推广像藜麦这样的耐碱品种，并提供有效干预亟待关注，我们提倡，将藜麦作为主粮，成为中国主粮补充。”2021年7月7日，联合国粮农组织驻泰国曼谷区域办事处首席技术官周波在青海藜麦产业发展论坛上作上述讲话。

青海地处地球“第三极”，被公认为世界“四大超净区”之一，独特的气候和生态环境为发展藜麦产业创造了得天独厚的条件。特别是柴达木盆地的气候、地理、土壤条件，几乎复制了藜麦原产地南美洲安第斯高地的生长、种植环境，是藜麦在青藏高原最佳适宜种植区，是中国藜麦的重要产出地之一。

藜麦是唯一一种含有人体所需全部氨基酸的植物性食物，同时富含优质蛋白和多种微量元素，被誉为“全营养食物”，在青海经过近10年的发展，青海藜麦种植面积逐年扩大、效益稳步提升，亩产最高达到450 kg 以上，高于原产地和中国其他地区。有效带动了当地农民种植藜麦的积极性。

“在蒸煮米饭的时候，加入20% 的藜麦，这碗饭的营养价值将提高30%。

但藜麦在中国食品资源整合中是一种新食物，更多的被认为是一种保健品和营养品，如果藜麦仅作为经济作物或营养品和保健品，它的市场就非常小，当藜麦作为主粮的时候，可以取得非常广阔的市场，也可以降低藜麦本身的价格波动，增加就业和加速农村发展，降低对主粮大米等需求。”周波介绍说，“在2013年的时候，藜麦在生产地价格以及出口价格出现了显著飙升，从原来的3美元 /kg 涨至9美元 /kg，随着藜麦产业提升，2014—2015年开始下降，现在基本维持在3美元 /kg 左右。”

据介绍，从中国农村和城市的消费结构来看，城市主粮需求呈缓慢下降趋势，农村需求显著高于城市。周波认为，如果能在农村引入藜麦成为主粮，增加藜麦消费，将可以显著增加国民营养状况，并提高粮食安全，改变食品消费结构。

如何推动藜麦可持续发展、生产和消费？周波认为，在藜麦的品种创新方面，需要培育更多的高产优质、适应性广的新品种，同时，从事藜麦生产加工的企业和科研人员也需要继续推动可持续的作物种植良好实践，以及藜麦的加工技术，减少藜麦的浪费和损失。此外，通过标准化产品认证，提升藜麦价值链的可持续性，加强生产者和消费者之间的联系，进一步提升市场对藜麦的需求，将藜麦融入当地粮食系统成为更好的食物。

“从藜麦的种植资源保存与利用，优良品种的选育，生产加工和可持续的综合农业管理来看，青海走在中国前列。从藜麦的品质角度来看，青海藜麦是公认中国最好的藜麦。”周波表示，“在柴达木地区，还有很多耕地能够改良及用作藜麦生产，希望未来青海在藜麦的研发、生产、技术加工方面为国际提供样板，让全球更多地区能够复制使用这一技术。”

第二节　投入资金购置藜麦成套机械

一、藜麦主要主机配置

（一）基本配置

风筛式清选机、比重式清选机、藜麦碾皮机、去石机、色选机、二次风筛清选机、抛光机、分级机、计量包装秤、除尘系统等；

（二）推荐设备

原粮仓储、吸粮机、风筛式清选机、比重式清选机、藜麦碾皮机、去石机、二次风筛清选机、色选机、抛光机、分级机、计量包装秤、水洗设备、干燥设备、成品仓储、集杂系统、除尘系统等及辅助设备。

二、藜麦主机技术优点

①整套加工流水线布局合理、结构紧凑、符合藜麦加工工艺要求。

②自动化程度高，智能化模拟屏显示，操作方便，节约人力资源，对用户的运营成本降低了许多。

③整条生产线各物料落点均配备除尘系统，符合当前环保要求。

④整条生产线单配除杂、集杂系统。

⑤全流程主机设备采用了国内外领先技术，性能稳定。

藜麦成套机械设备示意图

表 11–1　藜麦加工成套生产线物料及除尘工作表

型号	生产率 /t·h^{-1}	破碎率 /%	加工前净度 /%	加工后净度 /%	获选率 /%	留胚率 /%	设备可靠度 /%	工作环境粉尘浓度 /mg·m^{-3}
藜麦加工成套生产线	1.5~3	≤ 0.5	≥ 90	≥ 98	≥ 95	≥ 80	≥ 95	≤ 10

第三节　完成引种手续和品种审定工作

经过2018年、2019年、2020年3年的引种试验，确定适宜引入的藜麦品种及其推广价值和适宜范围后，于宁夏回族自治区种子管理站办理相关引种手续，开展品种审定工作。这几年，在多点科学试验结果上评定藜麦的适宜性，待通过品种审定后，进一步在全区开展推广应用。

第四节　建立藜麦栽培数字化管理系统

以藜麦为对象，开展作物—环境—技术关系的数字化研究，提出藜麦数字化栽培与管理系统的设计思想和框架；综合运用农学、计算机科学、地理信息系统和模拟模型等技术，研发数字化藜麦栽培管理系统；实现藜麦逐日生长模拟、产量与品质的动态预测、藜麦生长模拟模型和藜麦管理知识模型的耦合、藜麦生长模拟模型与 WebGIS 的集成应用、跨平台的藜麦模拟模型远程共享；实现藜麦模拟三维可视化及其网络应用；为藜麦生产系统动态预测、管理决策、调控、设计和分析评价建立一整套数字化工具。

第五节　初步建立藜麦深加工产业链

为推动藜麦的多元化综合利用，促进藜麦全产业链的早日形成，在固原市张易镇宋洼村立麦种植区建立藜麦深加工产业链。在合作社现有加工设备的基础上，拟购置补充部分加工设备，完成以下三条藜麦深加工生产线的建设。

一、真空自立袋包装

拟新购置大型自动化藜麦加工生产线一套，设备包括：四分离脱粒机、升粮机、砻谷机、碾米机、筛理机、洗粮机、甩干机、风干机、色选机、真空包装机、自动贴标机等，设计处理能力为3 t/h。利用该加工生产线将藜麦加工成为自立袋包装的成品，供上市销售。宁夏固原张易镇宋洼村藜麦种植基地制定了相应的加工技术规程（如下图），已于2021年9月建成一处加工厂房，购入一套一体化设备，并于10月正式投入使用。

宋洼藜麦加工技术规程

为了把种植基地生产的藜麦全部按照 LS/T 3245-2015 藜麦米国家标准进行精加工，并且每道工序都达到国家标准生产加工技术操作规程的有关要求，特制定本加工操作规程。

一、藜麦收购及验收标准

(一)地域要求:一是藜麦来源于我合作社的藜麦种植基地,按照农产品质量追溯对藜麦栽培生产技术规程所生产的藜麦。

(二)品种要求:藜麦品种是合作社种植基地提供的适合地域生产栽培的陇藜 1 号、青藜 4 号、稼祺 404 等品种。

(三)质量要求

1、适时收割:按照种植技术和操作规程,蜡熟末期或完熟期收获。此期种子含水量约 20%左右，95%谷粒硬化,收割、晾晒、风干后脱粒。

2、藜麦收购时要求:水份不超过 20%,杂质不超过 1% ,品种纯度保证在 98%以上。

二、原粮保管标准

(一)仓库:通风、透气、防雨、防潮、无污染源。

(二)设施:挡鼠板、防虫沙窗、库区灭鼠、灭雀、灭虫、防火、防盗、防霉条件良好，设备齐全。

(三)分类存放：按不同等级、不同水分，分类入库保管，严格防止不同类型（品种）、不同基地的原粮混杂。

三、不合格原料的处理方法和合格原料的保管方法

1、不合格原料的保管方法。

根据检验结果,对水份超标的藜麦,采用晒干或者晾干的方式,经晒干到合格水份后按种植基地组分类存放。

2、合格原料的保管方法。

(1)半成品采用粮食专用袋装好，放在托盘，放整齐，并对等级做标注。包装成品采用定量包装,码垛整齐,批次清楚,保证先进先出，码垛与地面的距离不小于 10 厘米，与墙面、顶面之间留有 30-50 厘米的距离。

(2)原料库设有台帐和出入库记录,每月定期盘点,保持帐、物一致。

(3)仓库保管员定期检查,并做好库存检查记录,发现异常通知质检部门确认、处理。

四、进料工序操准

1、检质:由质检员对出库原粮的品种、质量、水份复检后,填写检验报告单。

2、加工方案:由公司车间主任、技术员提出批量加工方案下达车间。

3、检斤:由保管员进行批量检斤、填写出库报告单,方可进入生产车间。

4、卫生:出库和加工前,仓库和车间必须进行一次全面彻底的清理,保持良好卫生环境。

五、清、选工序操作标准

清杂去石:严格按 5XFZ-30 复试精选机 TQLZ125 型振动清理筛、TOSX 125A 型吸式比重去石机的设备使用说明书操作。

1、复试精选机开机前首先检查机器各部是否正常,再点动各开关,检查各个设备转向是否正确,将籽粒喂入提升机料斗内,通过提升机提升到散料斗进入风选,轻杂质通过风机、卸料器(或除尘器)排出,其余部分进入筛箱进行筛选,将大小杂质分离并排除,好料再次经过风选后进入比重分离台,筛选后的轻质杂通过溜管排出，合格品从出料口排出，然后通过提升机提升至粮仓。

2、振荡清理筛开机前先调整进料装置、筛体倾角,而后调整振幅和振动方向角,调好后必须将锁紧装置锁好,使其正常清尘;振荡清理筛工作时应注意进料处的风量调节,观察沙克龙沉降物的情况,以其中不含饱满仔粒为宜;

3、注意去石机筛进量的调节,以筛石上的谷粒可均匀悬浮而不发生物料吹穿为准;

4、去石机精选调节,以石中含藜麦的多少为区别,一般调节顺序为开机初将拨杆拨到最高位置,然后在运转中逐渐调到适合的位置为止;

5,运转中应经常检查各种杂质的清理情况及下脚料质量,发现问题及时解决;

6、振荡清理筛的筛面应每班定量清理,清理时严禁使用重物敲击筛面;

7、空机运转正常后慢拉开原粮进料阀门,将流量调到合适后固定,若运转中出现异常响声,或剧烈震动应及时关闭进料阀门,然后进行检查,以防物料堵塞。

六、藜麦米加工工序操作标准

藜麦米加工使用喷风式铁辊精碾米机（JLM30,执行标准:JB/T6286-2013）,采取串联式多机,加工后精米经过 5XZ-7.5 型正压比重精选机精选进入小粮仓，后经过藜麦抛光机冷冻式压缩空气干燥机、风选器对藜麦进行抛光、干燥处理，同时进一步去除藜麦米上皂苷粉末。具体要按下列规程操作:

1、清除机器周围杂物,保持糙米入机的清洁、卫生,用流量调节门来控制,调节好糙米入机流量,保证机器正常运转。

2、根据藜麦米品种、质量,调节压铊式压力门和弹簧压力门,使之达到所需精米要求。

3、及时检查米筛,发现问题及时更换,防止漏米,或混入碎米,影响米的质量,降低出来率,造成精米损失。

4、控制出米精度,防止碾磨过大或过小,影响米的纯度,防止碎米、糠的混入。

5、振荡清理筛的筛面应按藜麦米的质量进行调节，定量清理;

6、保证加工期间的卫生,严禁污染物进入外框,及时清除积糠,保持机械内部清洁。

7、藜麦精米加工采用铁辊喷风抛光机对脱皂后的藜麦精米进行抛光、风干，使藜麦精米产生光泽而且尽量不带皂苷粉末，要经常清洗抛光机内的粉尘,保持抛光机内的卫生。

七、质量分级

藜麦质量分级采用美亚-泰 8 色选机和 5XFZ 系列精选机进行质量分级，藜麦米要求精度,以国家制定的精度标准样品检验。

藜麦的分级标准:

特级藜麦:每千粒总重量大于 4.5 克,每百克蛋白质大于 15 克。

一级藜麦:每千粒总重量大于 3.5 小于等于 4.5 克,每百克蛋白质大于 13 小于等于 15 克。

二级藜麦:每千粒总重量大于 2.5 小于等于 3.5 克,每百克蛋白质大于 11 小于等于 13 克。

三级藜麦:每千粒总重量小于 2.5 克,每百克蛋白质小于 11 克。

八、批次号的编制方法及管理规程

1、编制方法

批次号由生产技术部门负责编制,内容包括:生产日期、生产班次、质检号、产品品种、数量、等级。

2、管理规程

(1)生产车间要严格按照批次号组织生产。

(2)同品种、不同地块、不同水分的成品不可使用同一批次号。

(3)同品种、同地块、同水分、不同收获时间的不能使用同一批次号。

(4)批次号必须清晰可见,便于查看、追溯。

九、产品包装和管理方法

由生产技术部负责确定产品包装材料,包括设计和要求。采用的包装材料必须清洁卫生,符合国家食品包装材料卫生标准要求。包装时使用的工器具必须安全无害,保持清洁,防止污染。

检验合格后的成品由车间与保管员办理入库手续,并做好入库记录。成品库应防雨、防潮、防霉变、清洁卫生,不能存放有毒、有害物品和其它易腐、易燃品。成品入库时应按批次号存放,不得混杂,每批次要有标识,标签应明确标明:生产日期、产品品种、数量、入库时间等。

十、产成品保管标准

产成品是原粮加工的最终环节,最终产品,所以,产成品保管至关重要。

1、按品种、等级存放。

2、垫底、通风保管。

3、加强"四防"措施,防霉、防鼠、防火、防盗。

4、产品包装准确,商标、品名、产地、容量、保存期、出厂日期清晰,防止错包。

十一、产成品出库前的检查方法、标准以及不合格产品的处理方

产品出库前由质检员按规定的扩样方法进行检验并做好记录,合格产品贴上"合格标签";不合格产品将其隔离放置在仓库的"不合格区"。对于轻微不合格品(经简单返工即能纠正的不合格品),由质检员做出返工决定,通知责任者进行返工并重新检验。

十二、产品出库程序

1、产品出库时按照先进先出的原则,就是按生产批次的生产日期出库。

2、对出库的合格产品应标明出库日期、生产批次、销售地等,以供质量追溯。

3、保管员做好产品出库记录、库存记录便于按批次销售。

十三、机械设备维修、清洗及卫生管理

1、生产设备布局合理,并保持清洁和完好,有日常维修保养记录。

2、生产设备、工具、容器、场地等严格执行清洗消毒制度。

3、班前班后进行卫生清洁工作,专人负责检查并做好记录。

4、原料、半成品、成品分别放在不受污染的区域。

5、对加工过程中产生的不合格品、跌落地面的产品和废弃物,用有明显标志的容器分别收集存放,并在检验人员监督下处理。

6、包装工序与其它工序隔离,防止成品受粉尘、杂菌的污染。

十四、加工人员

按国家卫生部门的有关要求,对从事公司藜麦米加工的人员(指进加工车间和接触原粮的产成品人员)进行健康检查,持健康证上岗。

十五、精洁藜麦米包装

"宋洼村"牌藜麦米采用纸盒内塑料真空袋包装。

宋洼藜麦加工技术规程

二、藜麦粉系列产品

拟新购置中型磨面机一套，包括磨面机、气流干燥机、面粉筛理机等设备。藜麦面粉生产线将按照大颗粒、50目、100目、300目等细度，将藜麦分别加工成：粉蒸肉粉、藜麦面粉、饺子粉、面膜用粉、特种工业淀粉等系列藜麦粉产品，供上市销售。

三、藜麦片系列产品

拟购置小型麦片加工成套设备一套，依托生产线将藜麦加工成纯麦片、果味混合麦片和速溶营养麦片三类产品，供上市销售。

第六节　打造基于藜麦的农业生态旅游产业

拟参照《国家生态旅游示范区建设与运营规范》（GB/T 26362-2010）等文件指导思想，编制固原市张易镇宋洼村藜麦农业生态旅游规划，对藜麦适生区进行功能分区，利用彩色藜麦精心设计，参照日本彩色稻田、美国玉米田等农田景观打造富有形式美的藜麦农田景观，开展藜麦体验游。拟申请自治区级重点研发项目，在项目期内拟通过对外招商，合作经营方式，新建南美洲风格旅馆、藜麦主题餐厅、印加文化和工艺品展馆、休闲娱乐园区各一处；参照工业旅游模式，配合藜麦深加工基地建立藜麦面点DIY工坊一处。参照葡萄酒庄园旅游模式，建成一个以藜麦为主题，集旅游、观光、体验、美食、购物、亲子活动、自然教育、婚纱摄影为一体的原生态旅游区。

第七节　开展藜麦种植人员能力建设

藜麦在我国仍然属于新鲜事物，目前国内尚未见藜麦种植相关的专业书籍。为此，项目将从国内外高校和研究机构聘请相关专家，编制培训教材。拟出版相关专著一本（即《宁夏藜麦》），采用理论培训与现场到田培训相结合的方式，深入开展培训工作。计划培训农户200人次，骨干技术人员5名。对每一参加技术培训的人员统一制作和发放《藜麦实用种植和管理技术》和《藜麦实用病虫害防治》教材各一本。

第八节　推进藜麦产业的宣传和营销

由于藜麦种植属新兴产业，其市场宣传及营销对未来的销售工作具有举足轻重的作用。宁夏南部山区发展藜麦产业的优势：一是与藜麦原产地相似，得天独厚的自然地理条件；二是未受工业污染，难能可贵的“黄土高原净土”。近年来，在自治区外专局支持的引才专项项目期内，已通过电视广告、网络推广等营销手段，抓住固原、海原这两个营销点，大力推进对宁夏藜麦产业的宣传工作，逐步将藜麦打造成宁夏农业又一张名片。

参考文献

1. （印）博汗格瓦（Bhagava，A）（印）斯利瓦斯塔瓦（Srivastava.S）著；任贵兴，叶全宝，译．藜麦生产与应用［M］．北京：科学出版社，2014.11.
2. 白丽丽，史军辉，刘茂秀等．藜麦特性研究进展综述 [J]. 植物医生，2020，33（05）：22–27.
3. 白丽丽．氮、铁营养供应对不同品种藜麦幼苗生理生态特性的影响 [D]. 西宁：青海师范大学，2019.
4. 蔡云汐．藜麦营养价值分析及保健功效的动物实验研究 [D]. 济南：山东大学，2019.
5. 曹宁，高旭，丁延庆等．藜麦组织培养快速繁殖体系建立研究 [J]. 种子，2018，37（10）：110–112+115.
6. 曹晓宁，田翔，赵小娟等．基于近红外光谱法快速检测藜麦淀粉含量 [J]. 江苏农业科学，2017，45（04）：147–149.
7. 陈富，权小兵，张小静等．肥料配施对藜麦产量及农艺性状的影响 [J]. 农业科技通讯，2018（10）：65–68.
8. 陈光，孙旸，王刚等．藜麦全植株的综合利用及开发前景 [J]. 吉林农业大学学报，2018，40（01）：1–6.
9. 陈若瑄．藜麦粉的理化特性及其挤压型面条的制备 [D]. 无锡：江南大学，2019.
10. 陈树俊，胡洁，庞震鹏等．藜麦营养成分及多酚抗氧化活性的研究进展 [J]. 山西农业科学，2016，44（01）：110–114+122.

11. 陈思雯 . 发芽藜麦饮料的制备及其特性研究 [D]. 长春 : 吉林大学，2020.
12. 陈益胜，舒蓝萍，徐学明等 .3种藜麦发芽过程中生物活性物质及其抗氧化活性的变化规律 [J]. 食品与机械，2020，36（03）: 34−38+47.
13. 陈银焕，杨修仕，郭慧敏等 . 不同品种藜麦粉对馒头品质及抗氧化活性的影响 [J]. 食品与发酵工业，2020，46（02）: 157−164.
14. 陈志婧，廖成松 .7个不同品种藜麦营养成分比较分析 [J]. 食品工业科技，2020，41（23）: 266−271.
15. 程斌，高旭，曹宁等 . 藜麦的生物学特性及主要栽培技术 [J]. 农技服务，2017，34（13）: 47.
16. 程维舜，黄翔，陈钢等 . 锌缺乏和过量对藜麦幼苗生长及光合作用的影响 [J]. 湖南农业科学，2020（11）: 21−23.
17. 崔宏亮，邢宝，姚庆等 . 新疆伊犁河谷藜麦产业发展的 SWOT 分析 [J]. 作物杂志，2019（01）: 32−37.
18. 崔纪菡，魏志敏，刘猛等 . 不同品系菜用藜麦的品质及产量 [J]. 河北农业科学，2019，23（03）: 62−65.
19. 崔蓉，王艳萍 . 藜麦及其他谷物的常规营养成分测定 [J]. 现代食品，2019（16）: 111−113.
20. 邓妍，王娟玲，王创云等 . 生物菌肥与无机肥配施对藜麦农艺性状、产量性状及品质的影响 [J/OL]. 作物学报 : 1−10[2021−02−19].
21. 迪迪埃·巴齐乐，弗朗西斯科·富恩特斯，安琪·穆希卡，等 . 藜麦生产与应用2驯化和栽培史 [A]. 科学出版社 . 藜麦生产与应用 [C]. 中国作物学会，2014 : 17.
22. 翟凤强，蔡志全，鲁建美 . 施氮量对不同藜麦品种幼苗生长的影响 [J]. 应用生态学报，2020，31（04）: 1139−1145.
23. 丁云双，曾亚文，闵康等 . 藜麦功能成分综合研究与利用 [J]. 生物技术进展，2015，5（05）: 340−346.
24. 董艳辉，王育川，温鑫等 . 藜麦育种技术研究进展 [J]. 中国种业，2020（01）: 8−13.

25. 董艳辉，于宇凤，温鑫等．基于高通量测序的藜麦连作根际土壤微生物多样性研究 [J]. 华北农学报，2019，34（02）：205–211.

26. 杜静婷．藜麦种皮皂苷的提取、纯化、抗氧化、抑菌及皂苷元成分鉴定 [D]. 山西大学，2017.

27. 恩里克 A. 马丁内斯，巴勃罗・欧雷贵恩，阿图尔・博汗格瓦，等．藜麦生产与应用14从生产到消费的透明度——藜麦产业链的新挑战 [A]. 科学出版社．藜麦生产与应用 [C]. 中国作物学会，2014：6.

28. 范三红，郭定一，张锦华等．藜麦糠黄酮的分离纯化及成分测定 [J]. 中国调味品，2020，45（07）：180–185.

29. 房垚．藜麦种子皂苷的提取、纯化及其体外抑菌、抗癌活性研究 [D]. 长春：吉林农业大学，2019.

30. 冯世杰．陇中黄土高原藜麦不同种植密度试验报告 [J]. 农业科技与信息，2019（05）：11–12+17.

31. 付丽红，唐琳清．紫薯藜麦饼干配方的研制 [J]. 食品研究与开发，2018，39（09）：57–61.

32. 冯国军，刘大军．菠菜的营养价值与功能评价 [J]. 北方园艺，2018（10）：175–180.

33. 付荣霞，周学永，肖建中等．萌发温度与萌发时间对藜麦营养成分的影响 [J]. 食品工业，2020，41（05）：341–345.

34. 高兰．加快藜麦栽培技术推广促进高原特色农业升级 [J]. 农业与技术，2017，37（03）：111–113.

35. 高琪，蔡志全．藜麦种质资源及抗旱和耐盐的研究进展 [J]. 安徽农业科学，2019，47（13）：1–3+7.

36. 高睿，李志坚，秦培友等．藜麦的发展与应用潜力分析 [J]. 饲料研究，2019，42（12）：77–80.

37. 宫雪，王颖，刘淑婷等．功能性杂粮膳食预混粉的配比和工艺优化研究 [J]. 黑龙江八一农垦大学学报，2019，31（05）：73–82.

38. 宫雪，王颖，张裕等．脱皮处理对藜麦粉物化特性及结构的影响 [J]. 中国粮油学报，2019，34（12）：8–12.

39. 顾建环．天祝县高原寒旱区藜麦产业全程机械化推广探究 [J]. 南方农业，2020，14（15）：156–157.

40. 顾闽峰，王乃顶，王军等．盐胁迫对不同藜麦品种发芽率及幼苗生长的影响 [J]. 江苏农业科学，2017，45（22）：77–80.

41. 顾娴，黄杰，魏玉明等．藜麦研究进展及发展前景 [J]. 中国农学通报，2015，31（30）：201–204.

42. 郭敏，卢恒谦，王顺合等．基于气相色谱 – 质谱联用技术的不同产地藜麦中脂肪酸及小分子物质组成分析 [J]. 食品科学，2019，40（08）：208–212.

43. 郭谋子，胡静，李志龙等．浸泡及催芽对藜麦籽粒主要营养成分含量的影响 [J]. 食品工业科技，2016，37（18）：165–168+196.

44. 郭萍，尹跃明，杨德胜等．洞庭湖区藜麦苗菜种植试验初探 [J]. 湖南农业科学，2020（02）：22–26.

45. 韩利红，谢晶．山西省藜麦产业现状与发展思路 [J]. 农业技术与装备，2019（12）：30–31.

46. 韩林，杨人乙，胡悦等．藜麦发酵工艺优化及活性研究 [J]. 食品与机械，2018，34（09）：206–210+215.

47. 韩瑞胜．藜麦黄酒制备工艺研究 [D]. 长春：吉林农业大学，2018.

48. 韩雅盟，池建伟，马永轩等．藜麦发芽过程中蛋白质与皂苷及淀粉消化特性的变化规律（英文）[J]. 现代食品科技，2019，35（06）：17–23.

49. 韩雅盟．不同加工方式对藜麦酚类物质及其抗氧化活性的影响 [D]. 太原：山西大学，2019.

50. 郝怀志，董俊，何振富等．藜麦茎秆对肉牛生产性能、养分表观消化率及血清生化指标的影响 [J]. 中国草食动物科学，2017，37（05）：26–31.

51. 郝怀志，董俊，杨发荣．日粮中添加藜麦秸秆对奶牛生产性能和血清生化指标的影响 [J]. 中国饲料，2019（11）：61–65.

52. 郝丽琴，王妮，李佳等 . 藜麦生物活性成分提取技术的研究现状 [J]. 农业与技术，2016，36（17）：7−8.

53. 郝生燕，杨发荣，潘发明等 . 日粮添加藜麦秸秆对育肥羔羊生长性能和养分利用的影响 [J]. 草业科学，2020，37（11）：2351−2358.

54. 郝小芳 . 论藜麦的推广前景及发展思路 [J]. 农业工程技术，2017，37（05）：11−12.

55. 郝小兰 . 藜麦的特征特性及优质高产栽培技术 [J]. 农业科技与信息，2020（08）：17+20.

56. 郝晓华，郭苗，李志英 . 微波提取藜麦秸秆多糖及抗氧化性的测定 [J]. 安徽农学通报，2017，23（19）：12−14+83.

57. 何斌，刘文瑜，王旺田等 . 不同品种藜麦苗期对海拔变化的生理响应 [J]. 分子植物育种，2020，18（08）：2702−2712.

58. 何海芬，朱统臣，林飞武 . 藜麦在化妆品中的应用前景 [J]. 广东化工，2018，45（02）：120−122+134.

59. 何兴芬，杨富民，张学梅等 . 不同加工条件对藜麦面条质构特性的影响 [J]. 包装与食品机械，2019，37（02）：12−18.

60. 何兴芬，杨富民，赵保堂等 . 热处理对藜麦蛋白质功能特性的影响 [A]. 中国食品科学技术学会 . 中国食品科学技术学会第十七届年会摘要集，2020：2.

61. 何兴芬 . 热处理对藜麦蛋白质功能特性、结构及体外消化的影响 [D]. 兰州：甘肃农业大学，2020.

62. 何燕，邓永辉，李梦寒等 . 藜麦品系的染色体数目及核型分析 [J]. 西南大学学报（自然科学版），2019，41（01）：27−31.

63. 和继刚，杨庆华，李文道等 . 藜麦抗氧化肽制备工艺研究 [J]. 现代农业科技，2019（14）：230−232.

64. 和晓赞 . 藜麦密度和肥效试验 [J]. 云南农业，2018（04）：77−78.

65. 贺圣凌，林雨蝶，邓茹月等 . 红曲发酵藜麦基质适生性研究 [J]. 中国调味品，2020，45（03）：92−97.

66. 贺笑．氮肥和腐殖酸配施对藜麦生长、产量及氮肥利用率的影响 [D]. 临汾：山西师范大学，2019.

67. 洪佳敏，林宝妹，张帅等．6种杂粮营养成分分析及评价 [J]. 食品安全质量检测学报，2019，10（18）：6254−6260.

68. 侯杰．藜麦秸秆生物发酵制备木糖醇的研究 [D]. 长春：吉林农业大学，2019.

69. 侯召华，傅茂润，张威毅等．藜麦皂苷研究进展 [J]. 食品安全质量检测学报，2018，9（19）：5146−5152.

70. 胡冰．青海藜麦产业：困境与嬗变 [J]. 青海金融，2018（10）：44−47.

71. 胡洁．藜麦萌发过程中营养物质变化规律及藜麦芽饮料研制 [D]. 太原：山西大学，2017.

72. 胡一波，杨修仕，陆平等．中国北部藜麦品质性状的多样性和相关性分析 [J]. 作物学报，2017，43（03）：464−470.

73. 胡一波．藜麦品质性状评价与遗传多样性分析 [D]. 北京：中国农业科学院，2017.

74. 胡一晨，赵钢，秦培友等．藜麦活性成分研究进展 [J]. 作物学报，2018，44（11）：1579−1591.

75. 华劲松，王祥吉，陈理权．不同浓度胺鲜酯浸种对藜麦种子萌发的影响 [J]. 耕作与栽培，2020，40（01）：29−31.

76. 华劲松，赵应林，王华强等．不同收获时间对藜麦籽粒产量及物理特性的影响 [J]. 江苏农业科学，2020，48（21）：119−122.

77. 华艳宏，庞春花，张永清等．藜麦种子不同溶剂提取物及其抗氧化活性 [J]. 江苏农业科学，2018，46（20）：225−228.

78. 华艳宏．磷肥与腐殖酸配施对藜麦生长、产量及磷肥利用的影响 [D]. 临汾：山西师范大学，2019.

79. 化研究，2017，39（09）：184−189.

80. 环秀菊，孔治有，张慧等．海拔和播期对藜麦主要品质性状的影响 [J]. 西南农业学报，2020，33（02）：258−262.

81. 黄杰，李敏权，潘发明等 . 不同播期对藜麦农艺性状及品质的影响 [J]. 灌溉排水学报，2015，34（S1）：259–261.

82. 黄杰，刘文瑜，吕玮等 .38份藜麦种质资源农艺性状与产量的关系分析 [J]. 甘肃农业科技，2018（12）：72–75.

83. 黄杰，杨发荣，李敏权等 .13个藜麦材料在甘肃临夏旱作区适应性的初步评价 [J]. 草业学报，2016，25（03）：191–201.

84. 黄金，秦礼康，石庆楠等 . 藜麦萌芽期营养与功能成分的动态变化 [J]. 食品与机械，2017，33（05）：54–58.

85. 黄金，秦礼康，石庆楠等 . 藜麦皂苷提取及萌芽对皂苷含量的影响 [J]. 中国粮油学报，2017，32（11）：34–39+46.

86. 黄青云，徐夙侠，黄一锦等 . 藜麦营养学、生态学及种质资源学研究进展 [J]. 亚热带植物科学，2018，47（03）：292–298.

87. 嵇丽红，薛军，赵雷等 . 不同水解方法对藜麦皂苷抑菌活性及酪氨酸酶抑制作用的影响 [J]. 现代食品科技，2019，35（10）：196–204.

88. 江帆，杜春微，姜雯倩等 . 藜麦淀粉纳米颗粒制备及特性研究 [A]. 中国食品科学技术学会 . 中国食品科学技术学会第十七届年会摘要集，2020：1.

89. 姜庆国，温日宇，樊丽生等 . 西北地区饲草藜麦发展前景探讨 [J]. 南方农业，2018，12（35）：28+30.

90. 姜庆国，温日宇，郭耀东等 . 饲草藜麦对肉牛生长性能和营养物质消化率的影响 [J]. 中国饲料，2019（06）：22–25.

91. 蒋特，于文娟，赵世东等 . 藜麦种植技术 [J]. 吉林农业，2018（01）：43.

92. 蒋云，唐力为，张洁，等 .^{60}Co–γ 射线辐照藜麦的效应及适宜剂量初步研究 [J]. 四川农业大学学报，2020，38（04）：384–390+398.

93. 焦梦悦 . 藜麦淀粉特性、结构及其对Ⅰ型糖尿病小鼠的影响 [D]. 保定：河北农业大学，2019.

94. 金茜，杨发荣，黄杰等 . 我国藜麦籽实的研究与开发利用进展 [J]. 农业科技与信息，2018（10）：36–41.

95. 金茜，杨发荣，魏玉明等．外源植物生长调节剂作用下藜麦株高的响应性变化 [J]. 甘肃农业科技，2018（06）：50−52.

96. 康小华，沈宝云，王海龙等．不同氮肥施用量及基追比对藜麦产量及经济性状的影响 [J]. 农学学报，2017，7（12）：34−37.

97. 孔露，孔茂竹，余佳熹等．糊化处理对藜麦淀粉形态、结构及热特性的影响 [J]. 食品工业科技，2019，40（14）：56−61+67.

98. 孔露，孔茂竹，余佳熹等．藜麦淀粉消化特性与理化特性研究 [J]. 食品科技，2019，44（04）：285−290.

99. 乐梨庆，欧阳建勇，公续霄等．藜麦饮料加工工艺与稳定性研究 [J]. 食品科技，2020，45（02）：79−86.

100. 乐梨庆，夏诗婷，蔡依云等．不同种植前处理对藜麦苗菜生长的影响研究 [J]. 成都大学学报（自然科学版），2020，39（04）：358−361.

101. 雷洁琼．藜麦功能成分研究及利用 [J]. 青海畜牧兽医杂志，2016，46（03）：42−47.

102. 雷蕾，张炜，刘龙等．复合酶协同超声提取藜麦皂苷及其抗氧化性 [J]. 精细化工，2019，36（03）：469−474+493.

103. 黎雅楠．藜麦在盐碱地改良中的应用前景 [J]. 绿色科技，2018（21）：104−105+108.

104. 王创云、邓妍，段鹏慧等．藜麦生物学特性及精简栽培种植技术 [J]. 山西农经，2017（23）: 88−89.105. 李百成，杨德海，霍树静．藜麦加工工艺论述 [J]. 中国种业，2019（10）：38−40.

106. 李成虎，马维亮，崔建荣等．多个藜麦品种在宁夏海原的种植表现初报 [J]. 中国农技推广，2019，35（02）：20−21.

107. 李多，白宝清，张锦华等．响应面优化藜麦糠黄酮类化合物的提取及其抗氧化性研究 [J]. 食品工业科技，2018，39（23）：193−198.

108. 李多．藜麦糠黄酮类化合物的分离纯化及体外活性研究 [D]. 太原：山西大学，2019.

109. 李桂龙，谈近强，陈汉才等．不同品种小白菜的营养品质比较试验 [J]. 广东农业科学，2016，43（9）：26-32.
110. 李浩恒．藜麦多酚和生物碱的提取纯化及性质研究 [D]. 西安：陕西科技大学，2020.
111. 李慧，马薇，张美莉．玉米藜麦饼干配方的优化 [J]. 食品工业，2018，39（09）：122-126.
112. 李吉有．论藜麦在民和地区的推广 [J]. 农业与技术，2017，37（19）：179+184.
113. 李佶恺，王建丽，尚晨等．不同藜麦材料在哈尔滨地区的适应性研究 [J]. 草业学报，2019，28（09）：202-208.
114. 李进才．藜麦的生物学特性及栽培技术 [J]. 天津农林科技，2016（03）：23-26.
115. 李丽丽，姜奇彦，牛风娟等．藜麦耐盐机制研究进展 [J]. 中国农业科技导报，2016，18（02）：31-40.
116. 李美凤，刘雨诗，王丽姣等．不同产地藜麦籽氨基酸组成及其营养价值评价 [J]. 食品工业科技，2019，40（18）：289-292+308.
117. 李明轩．密度与氮肥水平对藜麦生育性状及产量的影响 [D]. 长春：吉林农业大学，2018.
118. 李娜娜，丁汉凤，郝俊杰等．藜麦在中国的适应性种植及发展展望 [J]. 中国农学通报，2017，33（10）：31-36.
119. 李娜娜，裴艳婷，宫永超等．藜麦研究现状与发展前景 [J]. 山东农业科学，2016，48（10）：145-148.
120. 李秋荣，李富刚，魏有海等．青海高原干旱地区藜麦害虫与天敌名录及5种害虫记述 [J]. 植物保护，2019，45（01）：190-198.
121. 李伟．高原藜麦的种植及其营养价值的探讨 [J]. 农家参谋，2020（09）：41.
122. 李想，朱丽丽，张业猛等．青海高原藜麦资源农艺性状评价及产量相关分析 [J]. 东北农业大学学报，2020，51（10）：20-27.
123. 李星．藜麦在吉林西部的适应性及饲用潜力研究 [D]. 长春：东北师范大学，2019.

124. 李兴，赵江林，唐晓慧等 . 藜麦红枣复合饮料的研制 [J]. 食品研究与开发，2018，39（18）：82–87.

125. 李雪云，牛杰 . 藜麦种植技术 [J]. 特种经济动植物，2018，21（06）：33.

126. 李尧 . 石墨烯浓度对藜麦幼苗根系生长的影响研究 [J]. 云南化工，2019，46（12）：135–136+139.

127. 李奕葶，翁正杭，黄亮等 . 利用香菇菌丝体发酵藜麦及其发酵产物中粗多糖的抗氧化评价 [J]. 食品科技，2020，45（03）：18–22.

128. 李玉英，王玉玲，王转花 . 藜麦营养成分分析及黄酮提取物的抗氧化和抗菌活性研究 [J]. 山西农业科学，2018，46（05）：729–733+741.

129. 李贞景，薛意斌，张兰等 . 藜麦饮料液化糖化工艺研究 [J]. 安徽农业科学，2018，46（18）：140–143.

130. 梁军林，李霞，李嘉奕等 . 藜麦产品研发现状及前景 [J]. 粮食加工，2017，42（06）：64–67.

131. 梁旺军 . 藜麦的生物学特性及栽培技术 [J]. 江西农业，2020（06）：16–17.

132. 梁晓艳，顾寅钰，李萌等 . 海水胁迫下藜麦根系形态发育及生理响应 [J]. 山东农业科学，2019，51（11）：28–34.

133. 林冰洁，荆金金，张若愚等 . 藜麦皂苷生物活性与化学结构研究进展 [J]. 食品与发酵工业，2020，46（24）：300–306.

134. 林春，刘正杰，董玉梅，Michel Vales，毛自朝 . 藜麦的驯化栽培与遗传育种 [J]. 遗传，2019，41（11）：1009–1022.

135. 林春松 . 藜麦——功能性食物里的新星 [J]. 生命世界，2019（08）：25–27.

136. 刘鸿 . 高原藜麦栽培技术规程 [J]. 农家参谋，2019（14）：53.

137. 刘敏国，杨倩，杨梅等 . 藜麦的饲用潜力及适应性 [J]. 草业科学，2017，34（06）：1264–1271.

138. 刘瑞芳，贠超，申为民等 . 不同浓度矮壮素对藜麦株高的影响 [J]. 现代农业科技，2015（23）：156+160.

139. 刘瑞香，郭占斌，马迎梅等 . 科尔沁沙地不同品种藜麦的营养价值及青贮研究 [J]. 干旱区资源与环境，2020，34（12）：50–56.

140. 刘胜男，赵紫悦，杜浩楠等．藜麦粉对面团粉质特性与馒头品质的影响 [J]. 轻工学报，2018，33（06）：63–70.

141. 刘锁荣，范文虎．促进山西藜麦种植规模化及产业链形成的建议 [J]. 山西农业科学，2011，39（07）：767–769.

142. 刘文瑜，何斌，杨发荣等．不同品种藜麦幼苗对干旱胁迫和复水的生理响应 [J]. 草业科学，2019，36（10）：2656–2666.

143. 刘文瑜，李健荣，黄杰等．海拔对藜麦苗期生理指标的影响 [J]. 甘肃农业科技，2018（09）：17–21.

144. 刘文瑜，杨发荣，黄杰等．干旱胁迫对藜麦幼苗生长和叶绿素荧光特性的影响 [J]. 干旱地区农业研究，2019，37（04）：171–177.

145. 刘晓艳，杨国力，孔祥辉等．黑木耳藜麦复合发酵饮料加工工艺及稳定性研究 [J]. 中国酿造，2018，37（06）：193–198.

146. 刘阳，李明轩，李文冰等．磷钾肥对藜麦生长发育及产量的影响 [J]. 吉林农业大学学报，2019，41（06）：653–659.

147. 刘洋，熊国富，闫殿海等．“粮食之母”“超级食物”——藜麦“落户”青海 [J]. 青海农林科技，2014（04）：95–98.

148. 刘永江，覃鹏．藜麦营养功能成分及应用研究进展 [J]. 黑龙江农业科学，2020（03）：123–127.

149. 刘月瑶，路飞，高雨晴等．藜麦的营养价值、功能特性及其制品研究进展 [J]. 包装工程，2020，41（05）：56–65.

150. 刘月瑶．不同加工方式对藜麦营养品质及抗氧化性能影响的研究 [D]. 沈阳：沈阳师范大学，2020.

151. 龙茜，牛蓓，时小东等．藜麦的基因及基因组研究进展 [J]. 南方农业，2019，13（21）：171–173.

152. 卢宇．藜麦营养特性及其多酚化合物分离纯化和抗氧化活性研究 [D]. 呼和浩特：内蒙古农业大学，2017.

153. 陆敏佳，蒋玉蓉，陆国权等．利用 SSR 标记分析藜麦品种的遗传多样性 [J]. 核农学报，2015，29（02）：260–269.

154. 陆阳，郑鸿雁，王子腾. 藜麦发酵液工艺优化及调节血糖作用的研究 [J]. 粮食与油脂，2020，33（02）：56–60.

155. 罗秀秀. 藜麦茶主要营养功能成分分析及抗氧化评价研究 [D]. 北京：中国农业科学院，2018.

156. 罗裕卿，申俊忠. 旱地藜麦地膜覆盖栽培技术 [J]. 农业科技与信息，2018（18）：29–31.

157. 吕晨晨，白羽嘉，冯作山. 不同品种藜麦萌发蛋白质营养价值比较 [J]. 食品科技，2020，45（04）：43–49.

158. 吕亚慈，郭晓丽，时丽冉等. 不同藜麦品种萌发期抗旱性研究 [J]. 种子，2018，37（06）：86–89.

159. 吕亚慈，郭晓丽，孙佳玮等. 不同藜麦品种萌发期耐盐性研究 [J]. 种子，2017，36（05）：88–91.

160. 吕亚慈. 氯化钙浸种对干旱胁迫下藜麦萌发的缓解作用 [J]. 现代农村科技，2019（10）：64–65.

161. 马成. 陇中黄土高原藜麦不同播期对比试验报告 [J]. 农业科技与信息，2019（05）：42–43+48.

162. 马金龙. 三种植物生长调节剂对藜麦生长及产量形成的影响 [D]. 长春：吉林农业大学，2019.

163. 马静利，左忠，刘立平等. 不同修剪方式对平欧杂种榛生长与光合特性的影响 [J]. 北方园艺，2020（20）：34–39.

164. 马维亮，魏亦勤，程炳文等. 宁夏藜麦产业发展现状及对策 [J]. 宁夏农林科技，2018，59（03）：57+62.

165. 马维亮. 宁夏藜麦规模化发展现状及建议 [J]. 宁夏农林科技，2017，58（08）：48–49+56.

166. 马鑫，陈雨，白柏等. 藜科植物三萜皂苷类化学成分研究与利用 [J]. 中国野生植物资源，2014，33（02）：41–46.

167. 马莹. 青贮技术对藜麦饲用价值的影响 [D]. 呼和浩特：内蒙古农业大学，2019.

168. 苗灵香 . 萌发藜麦成分动态分析及其多酚的研究 [D]. 太谷：山西农业大学，2015.

169. 倪瑞军 . 藜麦的生理生态指标及产量对水氮互作的可塑性响应 [D]. 临汾：山西师范大学，2016.

170. 庞春花，贺笑，张永清等 . 氮肥与腐殖酸配施对藜麦根系抗旱生理效应及产量的影响 [J]. 干旱区资源与环境，2019，33（03）：184–188.

171. 庞春花，华艳宏，张永清等 . 不同磷水平下施加腐殖酸对藜麦生理特性及产量的影响 [J]. 中国农业科技导报，2019，21（04）：143–150.

172. 庞春花，杨世芳，张永清等 . 不同施磷水平下接种 AM 真菌对藜麦生长及产量构成因素的影响 [J]. 作物杂志，2017（06）：131–139.

173. 庞春花，张媛，李亚妮 . 硝酸镧浸种对藜麦种子萌发及盐胁迫下幼苗生长的影响 [J]. 中国农业科学，2019，52（24）：4484–4492.

174. 庞春花，张紫薇，张永清 . 水磷耦合对藜麦根系生长、生物量积累及产量的影响 [J]. 中国农业科学，2017，50（21）：4107–4117.

175. 逄鹏，张智勇，李立军等 . 藜麦种质主要农艺性状遗传多样性分析 [J]. 北方农业学报，2020，48（03）：26–31.

176. 裴艳婷，李娜娜，丁汉凤等 . 藜麦特性及研究现状（英文）[J].Agricultural Science & Technology，2016，17（12）：2788–2791.

177. 邱璐 . 藜麦生长初期对盐碱胁迫的生理响应 [D]. 长春：东北师范大学，2018.

178. 曲波，张谨华，王鑫等 . 温度和光照对藜麦幼苗生长发育的影响 [J]. 农业工程，2018，8（07）：128–131.

179. 任贵兴，杨修仕，么杨 . 中国藜麦产业现状 [J]. 作物杂志，2015（05）：1–5.

180. 任妍婧，谢薇，江帆等 . 藜麦粉营养成分及抗氧化活性研究 [J]. 中国粮油学报，2019，34（03）：13–18.

181. 任永峰，黄琴，王志敏等 . 不同化控剂对藜麦农艺性状及产量的影响 [J]. 中国农业大学学报，2018，23（08）：8–16.

182. 任永峰，梅丽，杨亚东等 . 播期对藜麦农艺性状及产量的影响 [J]. 中国生态农业学报，2018，26（05）：643–656.

183. 任永峰．内蒙古阴山北麓藜麦生长发育、水肥利用和产量形成特性研究 [D]. 北京：中国农业大学，2018.

184. 申瑞玲，张文杰，董吉林等．藜麦的主要营养成分、矿物元素及植物化学物质含量测定 [J]. 郑州轻工业学院学报（自然科学版），2015，30（Z2）：17–21.

185. 申瑞玲，张文杰，董吉林等．藜麦的营养成分、健康促进作用及其在食品工业中的应用 [J]. 中国粮油学报，2016，31（09）：150–155.

186. 沈宝云，胡静，郭谋子等．早熟藜麦新品种条藜2号的选育及栽培技术 [J]. 种子，2019，38（04）：137–140.

187. 石钰，张倩雯，董林娟．陕西不同地区种植藜麦的营养价值分析及推广研究盐科学与化工，2020，49（05）：29–32.

188. 石振兴，朱莹莹，杨修仕等．藜麦粉末中主要营养成分近红外预测模型的建立及验证 [J]. 粮食与油脂，2017，30（12）：55–57.

189. 石振兴．国内外藜麦品质分析及其减肥活性研究 [D]. 北京：中国农业科学院，2016.

190. 时超．湿热处理协同疏水改性藜麦淀粉的制备及其在皮克林乳液中的应用 [D]. 沈阳：沈阳师范大学，2019.

191. 时丕彪，王军，费月跃等．盐胁迫对不同藜麦品种幼苗生长及 CqNHX1基因表达的影响 [J]. 中国农学通报，2020，36（33）：19–24.

192. 时小东，孙梦涵，吴琪等．基于藜麦转录组的脂肪酸生物合成途径解析 [J]. 广西植物，2020，40（12）：1721–1731.

193. 史海萍，温日宇．藜麦的生物学特性及精简栽培种植技术要点 [J]. 南方农业，2019，13（06）：32+34.

194. 史海萍．试析藜麦行业研究现状及其商业化种植前景 [J]. 南方农业，2017，11（27）：71+73.

195. 舒志亮，程雅茹，孙学珍等．石嘴山市藜麦种植的气象条件研究 [J]. 南方农机，2020，51（21）：76+80.

196. 宋娇，姚有华，刘洋等 .6个藜麦品种（系）农艺性状的主成分分析 [J]. 青海大学学报，2017，35（06）：6–10.

197. 苏日嘎拉图，杜文亮，马一铭等 . 藜麦混合物清选效果的试验与分析 [J]. 农机化研究，2020，42（10）：169–173.
198. 苏日嘎拉图 . 藜麦混合物的清选试验研究 [D]. 呼和浩特 : 内蒙古农业大学，2019.
199. 苏艳玲，张谨华 . 藜麦种子萌发中营养物质变化的研究 [J]. 食品工业，2019，40（02）：208–210.
200. 宿婧，史晓晶，梁彬等 . 干旱胁迫对藜麦种子萌发及生理特性的影响 [J]. 云南农业大学学报（自然科学），2019，34（06）：928–932.
201. 孙梦涵，邢宝，崔宏亮等 . 藜麦种质资源遗传多样性 SSR 标记分析 [J/OL]. 植物遗传资源学报 : 1–16[2021–02–19].
202. 孙雪婷，蒋玉蓉，袁俊杰等 . 响应面法优化提取藜麦种子黄酮及抗氧化活性 [J]. 中国食品学报，2017，17（03）：127–135.
203. 孙宇 . 基于数据分析的藜麦产品可追溯系统研究 [D]. 长春：吉林农业大学，2018.
204. 孙宇星，迟文娟 . 藜麦推广前景分析 [J]. 绿色科技，2017（07）：197–198.
205. 孙跃飞，郭俊芬，田晶等 . 基于物候观测的藜麦适宜性种植研究平台设计 [J]. 软件，2019，40（12）：150–152+205.
206. 汤尧，冷俊材，李喜宏等 . 烹煮对藜麦脂溶物组成和抗氧化活性的影响 [J]. 食品科技，2018，43（12）：196–201.
207. 唐媛 .Ca～（2+）对灌浆期藜麦籽粒淀粉合成的影响 [D]. 成都：成都大学，2020.
208. 田格，张炜，雷蕾等 . 藜麦蛋白提取工艺优化及抗氧化活性研究 [J]. 现代化工，2019，39（07）：83–88.
209. 田格 . 藜麦蛋白的提取及其功能特性改善研究 [D]. 西宁：青海师范大学，2020.
210. 田计均，唐媛，董雨等 . 水分胁迫对不同发育时期藜麦生理的影响 [J]. 生物学杂志，2020，37（06）：73–76.

211. 田计均 . 藜麦不同生育期矿质元素吸收特性研究 [D]. 成都：成都大学，2020.
212. 田旭静 . 藜麦糠清蛋白的提取及多肽抗氧化性研究 [D]. 太原：山西大学，2018.
213. 托有德，朱雪慧 . 高原寒旱区藜麦生产机具现状与发展 [J]. 农机科技推广，2020（04）：27–29.
214. 汪文成，李正鹏，马利利等 . 藜麦与几种饲草在高寒荒漠地区的品种比较试验 [J]. 青海大学学报，2020，38（03）：1–8.
215. 王斌，聂督，赵圆峰等 . 水氮耦合对藜麦产量、氮素吸收和水氮利用的影响 [J]. 灌溉排水学报，2020，39（09）：87–94.
216. 王斌，赵圆峰，聂督等 . 旱作藜麦养分吸收规律及养分限制因子研究 [J]. 中国土壤与肥料，2020（04）：172–177.
217. 王晨静，赵习武，陆国权等 . 藜麦特性及开发利用研究进展 [J]. 浙江农林大学学报，2014，31（02）：296–301.
218. 王创云，邓妍，段鹏慧等 . 藜麦生物学特性及精简栽培种植技术 [J]. 山西农经，2017（23）：88–89+139.
219. 王芳，张艳，王彩艳 . 宁夏不同品种藜麦中维生素 B_1 和维生素 B_2 含量分析 [J]. 食品研究与开发，2018，39（19）：137–141.
220. 王棐，张文斌，杨瑞金等 . 藜麦蛋白质的提取及其功能性质研究 [J]. 食品科技，2018，43（02）：228–234.
221. 王棐 . 藜麦蛋白和淀粉的分离提取及性质研究 [D]. 无锡：江南大学，2018.
222. 王焕强 . 青海省藜麦生产现状及调查 [J]. 青海农牧业，2019（02）：13–16.
223. 王静，刘丁丽，罗丹等 . 体外模拟消化对藜麦抗氧化活性、α – 葡萄糖苷酶和 α – 淀粉酶抑制活性影响研究 [J/OL]. 中国粮油学报：1–8[2021–02–19].
224. 王雷，董吉林，申瑞玲 . 藜麦蛋白的提取及功能性质与生物活性概述 [J]. 中国粮油学报，2020，35（07）：188–194.
225. 王黎明，马宁，李颂等 . 藜麦的营养价值及其应用前景 [J]. 食品工业科技，2014，35（01）：381–384+389.

226. 王丽娜，任翠梅，王明泽等．中国藜麦种质资源分布及研究现状 [J]. 黑龙江农业科学，2020（12）：142–145.

227. 王龙飞，王新伟，赵仁勇．藜麦蛋白的特点、性质及提取的研究进展 [J]. 食品工业，2017，38（07）：255–258.

228. 王启明，张继刚，郭仕平等．藜麦营养功能与开发利用进展 [J]. 食品工业科技，2019，40（17）：340–346+354.

229. 王启明．藜麦在四川凉山引种及其品质特性分析 [D]. 北京：中国农业科学院，2020.

230. 王倩朝，张慧，刘永江等．播期对藜麦主要农艺及品质性状的影响 [J]. 云南农业大学学报（自然科学），2020，35（05）：737–742.

231. 王若兰，郭亚鹏．响应面法优化超声波辅助提取藜麦多酚的工艺条件 [J]. 粮食与油脂，2020，33（09）：1–7.

232. 王生萍，王建鹏，王红等．我国藜麦主要病虫害防控探究 [J]. 南方农业，2020，14（32）：27–30.

233. 王雪．发芽藜麦汁饮料的研制及其抗氧化功能研究 [D]. 长春：吉林农业大学，2018.

234. 王艳萍，任婷，王童童．藜麦与燕麦、糙米等5种谷物营养成分的测定与比较 [J]. 现代食品，2019（22）：164–166.

235. 王艳青，李春花，卢文洁等．135份国外藜麦种质主要农艺性状的遗传多样性分析 [J]. 植物遗传资源学报，2018，19（05）：887–894.

236. 王艳青，李勇军，李春花等．藜麦主要农艺性状与单株产量的相关和通径分析 [J]. 作物杂志，2019（06）：156–161.

237. 王艺璇．科尔沁沙地不同品种藜麦生长与生理特征研究 [D]. 呼和浩特：内蒙古农业大学，2019.

238. 王雨，左永梅，周学永等．藜麦萌发促进其活性成分的释放 [J]. 现代食品科技，2020，36（08）：126–133.

239. 王玉玲．藜麦基本营养成分分析及黄酮提取物的生物活性研究 [D]. 太原：山西大学，2018.

240. 王占贤，宋满刚，李金在．鄂尔多斯地区藜麦引种试验初报 [J]. 新农业，2017（23）：9−10.

241. 王志恒，黄思麒，李成虎等．13种藜麦萌发期抗逆性综合评价 [J]. 西北农林科技大学学报（自然科学版），2021，49（01）：25−36.

242. 王志恒，徐中伟，周吴艳等．藜麦种子萌发阶段响应干旱和盐胁迫变化的综合评价 [J]. 中国生态农业学报（中英文），2020，28（07）：1033−1042.

243. 韦良贞，郭晓农，柴薇薇等．高海拔繁育对藜麦耐盐性的影响 [J]. 大麦与谷类科学，2020，37（05）：8−15.

244. 韦兴英，郭晓农，韦良贞等．藜麦总皂苷的提取及其抗氧化活性研究 [J]. 中兽医医药杂志，2020，39（03）：16−20.

245. 魏乐仪，张峻．乡村振兴战略视阈下推动武威藜麦产业高质量发展的思考 [J]. 甘肃农业，2019（05）：46−48.

246. 魏丽娟，易倩，张曲等．一测多评法测定藜麦中6种酚类成分 [J]. 食品工业科技，2018，39（19）：232−236+242.

247. 魏玉明，郝怀志，杨发荣等．不同添加剂对藜麦秸秆裹包青贮品质的影响 [J]. 甘肃农业科技，2019（12）：38−43.

248. 魏玉明，黄杰，刘文瑜等．藜麦覆膜栽培技术研究与应用 [J]. 中国种业，2018（01）：26−29.

249. 魏玉明，杨发荣，刘文瑜等．陇东旱塬区复种不同藜麦品种（系）的适应性初步评价 [J]. 西北农业学报，2020，29（05）：675−686.

250. 魏振飞，白永新，张润生等．藜麦高产栽培技术 [J]. 现代农业科技，2020（21）：38−39.

251. 魏志敏，李顺国，夏雪岩等．藜麦的特性及其发展建议 [J]. 河北农业科学，2016，20（05）：14−17.

252. 魏志敏，宋世佳，赵宇等．冀中南地区5个藜麦品种的引种试验 [J]. 河北农业科学，2018，22（05）：1−3+7.

253. 温日宇，刘建霞，李顺等．低温胁迫对不同藜麦幼苗生理生化特性的影响 [J]. 种子，2019，38（05）：53−56.

254. 温日宇，刘建霞，张珍华等 . 干旱胁迫对不同藜麦种子萌发及生理特性的影响 [J]. 作物杂志，2019（01）：121–126.
255. 吴立根，屈凌波，王岸娜等 . 加工方式对藜麦营养及生物活性影响的研究进展 [J]. 粮食与油脂，2020，33（02）：10–13.
256. 吴立根，王岸娜，申瑞凌等 . 藜麦碾磨加工与营养分布研究进展 [J]. 食品研究与开发，2020，41（16）：194–198.
257. 吴亚军 . 藜麦高产高效栽培技术研究 [J]. 种子科技，2019，37（05）：58+60.
258. 武卫秀 . 藜麦推广前景及栽培技术 [J]. 江西农业，2019（08）：15+25.
259. 武小平，郭建芳，丁健等 . 不同藜麦品系农艺性状和产量比较研究 [J]. 农业开发与装备，2020（11）：134–136.
260. 肖正春，张广伦 . 藜麦及其资源开发利用 [J]. 中国野生植物资源，2014，33（02）：62–66.
261. 辛夷 . 营养谷物藜麦 [J]. 山西老年，2017（06）：62.
262. 邢鲲，赵飞，赵晓军等 . 藜麦上首次发现根蛆（Tetanops sintenisi）为害 [J]. 中国植保导刊，2018，38（12）：38–40+61.
263. 熊成文，李晓伟，徐得娟 . 藜麦总皂苷含量测定方法的比较 [J]. 食品研究与开发，2018，39（09）：124–128.
264. 修妤，梁晓艳，石瑞常等 . 混合盐碱胁迫对藜麦苗期植株及根系生长特征的影响 [J]. 江苏农业科学，2020，48（04）：89–94.
265. 修妤，梁晓艳，石瑞常等 . 混合盐碱胁迫对藜麦萌发期的影响 [J]. 山东农业科学，2018，50（09）：51–55.
266. 徐骋 . 基于藜麦的种植技术与营养价值分析 [J]. 农家参谋，2019（20）：65.
267. 徐夙侠 . 从远古走来的超级粮食——藜麦 [J]. 生命世界，2019（08）：1.
268. 徐天才，和桂青，李兆光等 . 不同海拔藜麦的营养成分差异性研究 [J]. 中国农学通报，2017，33（17）：129–133.
269. 许斌，牛娜，赵文瑜等 . 天然型藜麦品种抗盐碱生理特性比较研究 [J]. 土壤，2020，52（01）：81–89.

270. 薛鹏，赵雷，荆金金等．藜麦麸皮蛋白的氨基酸分析及营养价值评价 [J]. 食品研究与开发，2019，40（05）：65–70.
271. 延莎，郝忠超，朱明明等．藜麦粉对高筋粉糊化特性的影响及藜麦碗托的开发 [J]. 食品工业，2018，39（12）：5–8.
272. 延莎，邢洁雯，王晓闻．不同菌种发酵对藜麦蛋白质特性及脂质构成的影响 [J]. 中国农业科学，2020，53（10）：2045–2054.
273. 闫士朋，冯焕琴，杨宏伟等．氮肥不同施用量及基追比对藜麦根系生理及同化物分配的影响 [J]. 中国土壤与肥料，2019（04）：105–115.
274. 严伟敏，欧全宏，田雪等．藜麦的傅立叶变换红外光谱鉴别研究 [J]. 光谱学与光谱分析，2020，40（S1）：33–34.
275. 杨发荣，黄杰，魏玉明等．藜麦生物学特性及应用 [J]. 草业科学，2017，34（03）：607–613.
276. 杨发荣，刘文瑜，黄杰等．甘肃省藜麦产业发展现状及对策 [J]. 甘肃农业科技，2019（01）：76–79.
277. 杨蛟，戴红燕，廖映秀等．西昌市藜麦引种试验初报 [J]. 甘肃农业科技，2020（11）：7–11.
278. 杨利艳，杨小兰，朱满喜等．干旱胁迫对藜麦种子萌发及幼苗生理特性的影响 [J]. 种子，2020，39（09）：36–40.
279. 杨露西．藜麦酸奶加工工艺及其品质研究 [D]. 成都：成都大学，2020.
280. 杨瑞萍，刘瑞香，马迎梅等．不同藜麦资源的抗旱性评价及渗透调节剂对其抗旱性的影响 [J]. 中国农业科技导报，2020，22（09）：52–60.
281. 杨世芳，庞春花，张永清等．不同施氮水平下丛枝菌根真菌对藜麦生长和根系生理特征的影响 [J]. 西北植物学报，2017，37（07）：1323–1330.
282. 杨天庆，龚建军，杨敬东等．藜麦杂粮粥配方研制 [J]. 农产品加工，2019（23）：19–22.
283. 杨晓月，李小平，李晨．藜麦麸过氧化物酶分离纯化及酶学特性研究 [J]. 山西农业科学，2019，47（06）：977–981+997.

284. 杨珍，赵军，李斌等 .10个藜麦品种在武威市引种筛选比较试验研究 [J]. 农业科技通讯，2019（08）：204−206.

285. 姚丹，李雪莹，韩笑等 . 植物生长调节剂对藜麦形态指标及其产量构成因素的影响 [J/OL]. 吉林农业大学学报：1−10[2021−02−19].

286. 姚有华，白羿雄，吴昆仑 . 亏缺灌溉对藜麦光合特性、营养品质和产量的影响 [J]. 西北农业学报，2019，28（05）：713−722.

287. 姚燕辉，李晋田，邢丽斌 . 苗菜型藜麦新品系筛选及营养品质综合评价 [J]. 中国野生植物资源，2022，41（03）：81−88.

288. 叶君，吴晓华，李元清等 . 基于表型性状的藜麦种质资源遗传多样性分析 [J]. 北方农业学报，2020，48（01）：1−6.

289. 于跃，顾音佳 . 藜麦的营养物质及生物活性成分研究进展 [J]. 粮食与油脂，2019，32（05）：4−6.

290. 袁飞敏，权有娟，陈志国 . 不同钠盐胁迫对藜麦种子萌发的影响 [J]. 干旱区资源与环境，2018，32（11）：182−187.

291. 袁飞敏，权有娟，刘德梅等 . 藜麦植株形态及花器结构的初步观察 [J]. 甘肃农业大学学报，2018，53（04）：49−53.

292. 袁加红，刘正杰，吴慧琳等 .111份藜麦种质资源农艺性状分析 [J]. 云南农业大学学报（自然科学），2020，35（04）：572−580+650.

293. 岳凯，刘文瑜，魏小红 . 干旱胁迫对不同品系藜麦内黄酮和抗氧化性的影响 [J]. 分子植物育种，2019，17（03）：956−962.

294. 岳凯，魏小红，刘文瑜等 .PEG 胁迫下不同品系藜麦抗旱性评价 [J]. 干旱地区农业研究，2019，37（03）：52−59.

295. 岳凯 . 不同品系藜麦抗旱性及种子主要次生物质的研究 [D]. 兰州：甘肃农业大学，2018.

296. 张斌，马德源，范仲学等 .PEG 胁迫下藜麦品种萌发期抗旱性鉴定 [J]. 山东农业科学，2018，50（12）：30−34.

297. 张纷，赵亮，靖卓等 . 藜麦－小麦混合粉面团特性及藜麦馒头加工工艺 [J]. 食品科学，2019，40（14）：323−332.

298. 张洪利，高璇，李芳等．吉林西部地区藜麦栽培技术 [J]. 现代农业科技，2020（19）：31–32.

299. 张慧玲，王志伟，周中凯．不同汽爆处理对藜麦秸秆化学组成及纤维结构的影响 [J]. 中国农业科技导报，2018，20（07）：105–112.

300. 张建青，李猛．不同施肥水平对藜麦产量及土壤肥力的影响 [J]. 中国农技推广，2018，34（04）：55–57.

301. 张琴萍，邢宝，周帮伟等．藜麦饲用研究进展与应用前景分析 [J]. 中国草地学报，2020，42（02）：162–168.

302. 张琴萍．藜麦芽苗菜营养功能品质特性研究 [D]. 成都：成都大学，2020.

303. 张曲，彭镰心，吴秀清．藜麦中铅和镉的积累与分布 [J]. 粮食与油脂，2020，33（11）：106–110.

304. 张曲．藜麦中铅和镉的分布及其在加工中的变化 [D]. 成都：成都大学，2020.

305. 张瑞霞．浅谈藜麦的种植技术及营养价值 [J]. 农业与技术，2018，38（18）：120.

306. 张婷，张艺沛，何宗泽等．挤压膨化藜麦粉工艺优化及品质分析 [J]. 食品工业科技，2019，40（18）：177–184.

307. 张文刚，张杰，党斌等．藜麦黄酒发酵工艺优化及抗氧化特性研究 [J]. 食品与机械，2019，35（12）：174–178+226.

308. 张文杰．藜麦全粉与淀粉的理化性质与结构研究及应用 [D]. 郑州：郑州轻工业学院，2016.

309. 张雪春，廖靖怡，谢颖欣等．藜麦提取物的抗氧化活性及藜麦红豆复合饮料的研制 [J]. 生物加工过程，2018，16（03）：91–101.

310. 张延磊，瞿国文．新疆藜麦种植技术及新品种引进试验 [J]. 农业工程技术，2019，39（32）：77+81.

311. 张艺沛，张婷，史一恒等．藜麦茶加工工艺及酚类物质组成分析 [J]. 食品科学，2019，40（12）：267–274.

312. 张园园，温白娥，卢宇等．藜麦粉对小麦面团、面包质构特性及品质的影响 [J]. 食品与发酵工业，2017，43（10）：197–202.

313. 张贞勇，万志敏 . 藜麦多糖的研究进展 [J]. 化工管理，2020（12）：14–15.
314. 张志栋，王润莲 . 壮大藜麦产业 实现生态优先绿色发展 [J]. 北方经济，2020（05）：56–57.
315. 赵博 . 内蒙古阴山丘陵区藜麦适宜播期和施肥配比研究 [D]. 呼和浩特：内蒙古农业大学，2020.
316. 赵丹青，开建荣，路洁等 . 宁夏不同产区、不同品种藜麦的主要营养成分和矿物元素含量分析 [J]. 粮食与油脂，2019，32（06）：62–65.
317. 赵二劳，杨洁 . 藜麦中皂苷提取纯化工艺及其生物活性研究现状 [J]. 分子植物育种，2019，17（17）：5816–5821.
318. 赵杰才，麻彦，周琴等 . 沙米和藜麦种子代谢组比较分析 [J]. 中国食物与营养，2016，22（12）：64–68.
319. 赵婧，刘祎鸿，李博文 . 甘肃藜麦产业发展现状及对策建议 [J]. 甘肃农业，2020（08）：68–70.
320. 赵军，唐峻岭，李斌等 . 藜麦高产高效栽培技术规程 [J]. 中国种业，2020（08）：112–113.
321. 赵雷，李晓娜，史龙龙等 . 藜麦麸皮营养成分测定及其油脂的抗氧化活性研究 [J]. 现代食品科技，2019，35（11）：199–205+151.
322. 赵强，刘乐，杨洁等 . 响应面法优化藜麦糠中多酚超声提取工艺及其抗氧化活性 [J]. 中国粮油学报，2020，35（07）：143–149.
323. 赵颖，魏小红，赫亚龙等 . 混合盐碱胁迫对藜麦种子萌发和幼苗抗氧化特性的影响 [J]. 草业学报，2019，28（02）：156–167.
324. 赵志强 . 浅析卓尼藜麦种植技术及发展前景 [J]. 农业开发与装备，2020（10）：157–158.
325. 周海涛，刘浩，么杨等 . 藜麦在张家口地区试种的表现与评价 [J]. 植物遗传资源学报，2014，15（01）：222–227.
326. 周学永，付荣霞，李航等 . 秘鲁藜麦栽培模式及其对我国的启示 [J]. 中国种业，2018（12）：20–23.
327. 周彦航 . 藜麦苗的营养成分分析及藜麦绿茶的研制 [D]. 长春：吉林农业大学，2018.

328. 朱久锋 . 藜麦引种示范推广现状、存在问题及建议 [J]. 农业科技与信息，2019（08）：59-60.

329. 朱雪峰，孙玉，王生萍等 . 微生物种衣剂对藜麦产量及生长发育的影响 [J]. 高原农业，2020，4（06）：551-557.

330. 左忠，牛艳，张安东等 . 人工栽培甘草5种除草剂的残留情况 [J]. 浙江农业科学，2020，61（10）：2001-2003.